让宝宝爱上辅食

熊 苗 ◎ 主编

吉林科学技术出版社

图书在版编目（CIP）数据

让宝宝爱上辅食 / 熊苗主编． -- 长春：吉林科学
技术出版社，2014.8
ISBN 978-7-5384-8064-1

Ⅰ．①让… Ⅱ．①熊… Ⅲ．①婴幼儿—食谱 Ⅳ．
① TS972.162

中国版本图书馆 CIP 数据核字（2014）第 195145 号

让宝宝爱上辅食

Rangbaobao Aishang Fushi

主　　编　熊　苗
出 版 人　李　梁
策划责任编辑　孟　波　冯　越
执行责任编辑　赵　沫
模特宝宝　　陈豫璇　黄予萌　田昊雨　图鹏琪　邵巾轩　景书笛　姜凯添　王一童
封面设计　长春市一行平面设计有限公司
制　　版　长春市一行平面设计有限公司
开　　本　710mm×1000mm　1/16
字　　数　280千字
印　　张　16.5
印　　数　1—10000册
版　　次　2014年10月第1版
印　　次　2014年10月第1次印刷

出　　版　吉林科学技术出版社
发　　行　吉林科学技术出版社
地　　址　长春市人民大街4646号
邮　　编　130021
发行部电话/传真　0431-85635177　85651759　85651628
　　　　　　　　　85677817　85600611　85670016
储运部电话　0431-84612872
编辑部电话　0431-85659498
网　　址　www.jlstp.net
印　　刷　长春第二新华印刷有限责任公司

书　　号　ISBN 978-7-5384-8064-1
定　　价　35.00元

　　当营养师至今也有十年了，工作内容就是为了指导大家的一日三餐如何吃得营养，怎么科学饮食，把各种食材进行合理搭配，使身体更加健康。

　　家人和亲朋好友都很支持我的工作，也很认同营养学给我们身体带来的好处。所以，身边那些亲友只要家中有婴幼儿的，几乎都会前来向我咨询，请教如何制作有关宝宝的辅食。我都会耐心地解答，并且手把手教她们，当她们按照我的方法成功制作宝宝辅食后发来图片和宝宝吃得高兴的照片时，我也心里乐开了花，能用我所学的营养健康知识帮助到妈妈，我感到作为一名营养师非常自豪。

　　现代的妈妈对宝宝的营养都非常重视，市面上也有很多种方便调理的婴儿辅食，对于因为忙碌而无法自行制作辅食的妈妈来说是比较方便的，但是市售的辅食在部分营养素上仍然无法与自己制作的辅食相比。

　　《让宝宝爱上辅食》一书有200多道婴幼儿食谱，不但营养丰富，而且简单易操作。所以，跟随专业的营养师来制作营养均衡又美味的辅食，是妈妈送给宝宝一份最好的礼物。

国家高级营养保健师

Part 1 辅食基础课

5

Part **2** 辅食添加初期
（4～6个月）

Part 3 辅食添加中期
（7~9个月）

9

Part 5 辅食添加结束期
(13～15个月)

Part 6　一日三餐正常饮食期（16～36个月）

Part 7 宝宝的健康餐

辅食基础课

只有真正了解辅食，明白添加辅食的意义，掌握添加辅食的方法和技巧，才能让宝宝吃得好、吃得健康。

辅食食材储存方法

　　当母乳或配方奶等乳制品中所含的营养素不能完全满足宝宝生长发育的需要时，父母就要在宝宝4~6个月大的时候，开始给他添加乳制品以外的其他食物，这些逐渐添加的食物被称为辅食。

　　所有的宝宝都要适应从只吃母乳或配方奶到能够顺利吃饭的过程。添加辅食的时候，仍然不要断掉母乳或配方奶，只把辅食当成营养的唯一供给来源是不对的。母乳和配方奶的构成成分中90%是水分，其余是蛋白质、乳糖、脂肪和维生素等。在宝宝出生后的4~6个月内，这些营养成分是足够的，但如果之后还只食用母乳和配方奶的话，就会出现体内营养素，如铁、蛋白质、钙质、脂肪和维生素等缺乏的状况。

　　宝宝到了添加辅食的后期，母乳或配方奶已经不能成为宝宝营养需求的主要来源时，就需渐渐依靠辅食来提供营养了。

　　辅食的添加是从汁状食物开始的，再过渡到泥状、半固体状和固体状食物，逐渐和成人吃一样的食物。通过这样一个阶段一个阶段的过程变化，宝宝可以吃到各种新的食物，尝到各种各样的味道，而且还能练习吞咽、咀嚼，以及如何使用小匙、筷子等。

　　由此看来，添加辅食不但可以补充宝宝的营养，还是一个培养宝宝吞咽能力、自理能力的好机会，而且也是形成良好饮食习惯的基础。

辅食添加的原则

妈妈的责任

在添加辅食的过程中，妈妈需要注意很多问题，要学习给宝宝添加辅食的小窍门，让宝宝有个好胃口、好身体！

要注意辅食的卫生

给宝宝添加的辅食最好现吃现做，如不能现吃现做，也应将食物重新蒸煮。添加辅食的用具要经常消毒，以防病毒侵入宝宝体内引起疾病。

及时调整辅食添加的进度

每个宝宝都有个体差异，不能一直照搬书本上的方法，要根据宝宝具体的情况，即时调整辅食的数量和品种。

不宜在炎热季节添加辅食

天气热会影响宝宝的食欲，饭量会减小，还容易导致宝宝消化不良，最好能等天气凉爽一些再添加辅食。

不要很快让辅食替代乳类

6个月以内，宝宝吃的主要食物应该仍然以母乳或配方奶为主，因为母乳或配方奶中含有宝宝所需要的营养，在此阶段添加一些流质的辅食即可。其他辅食只能作为一种补充食物，不可过量添加。

☆小提示☆

宝宝的味觉在6个月时发育比较完善了，如果在这个时候让他接触很多食品，长大以后一般不会有偏食、挑食等问题，但是每个宝宝的发育情况不一样，也存在着较大的个体差异，父母应根据自己宝宝的情况进行适当的调节。

宝宝的配合

虽然吃饭是件开心的事情，可是刚刚开始添加辅食的宝宝可不一定这样认为，所以给宝宝喂食的时候一定要选择在宝宝开心的时候，并营造温馨的环境。

辅食添加要适合月龄

过早地添加辅食，宝宝会因消化功能尚不够成熟而导致消化功能发生紊乱；过晚地添加辅食，则会造成宝宝营养不良，甚至会使宝宝因此拒吃非乳类的流质食物。

☆小提示☆

6个月后的宝宝如果仅依靠母乳喂养已经不能满足宝宝的生长需要了，这就需要及时添加辅食。

宝宝生病时不要添加辅食

要让宝宝感觉到吃饭是件快乐的事情，那就不能在宝宝不舒服的时候为其添加辅食，也不要增加新的食物。

不强迫宝宝进食

宝宝也有自己的口味，不是每一个宝宝都会喜欢吃任意味道的食物，所以即使宝宝不喜欢吃某一种食物也没有关系，不要强迫他。妈妈可以选择其他的做法或者过一段时间再添加，即使宝宝一直都不爱吃，也可以不吃。

注意观察不良反应

添加辅食后要注意观察宝宝的皮肤，看看有无过敏反应，如皮肤红肿、有湿疹等，应立即停止添加这种辅食。此外，还要注意观察宝宝的粪便，如粪便不正常也应暂停添加这种辅食，待其粪便正常，无消化不良症状后，再逐渐添加，但量要小。

辅食添加的方法

【方法】	【说明】
1 由一种到多种	随着宝宝的营养需求和消化能力的增强，应增加辅食的种类。给宝宝添加新食物，一次只给一种，尝试3～4天或1周后，如果宝宝的消化情况良好，排便正常，可再尝试另一种，不能在短时间内增加好几种。辅食的量为每次1/4匙，一天1～2次，每次略微增加分量。如果对某一种食物过敏，在尝试的几天里就能观察出来
2 从稀到稠	宝宝在开始吃辅食时可能还没有长出牙齿，所以只能给宝宝喂流质食物，其后可逐渐再添加半流质食物
3 从少量到多量	每次给宝宝添加新的食物时，一天只能喂1～2次，而且量不要大，以后再逐渐增加
4 从细小到粗大	辅食添加初期食物颗粒要细小，口感要嫩滑，以锻炼宝宝的吞咽能力，为以后过渡到固体食物打下基础。在宝宝快要长牙或正在长牙时，父母可把食物的颗粒逐渐做得粗大，这样有利于促进宝宝牙齿的生长，并锻炼他们的咀嚼能力
5 坚持耐心喂食	为了让宝宝顺利吞咽，父母喂食的时候可将食物放在舌头正中央再稍微往里一点儿的位置。刚开始宝宝可能常会发生溢出或吐出的情况，但是没关系，这是很自然的事情，父母要保持良好的情绪，不要焦躁，宝宝很快就会吃得很好的

辅食添加的过程表

【月龄】	【出生4~6个月】	【出生7~9个月】
换乳时期	初期	中期
嘴的情况	将小匙轻轻接触宝宝嘴唇，当他们伸出舌头后，放入食物。由于宝宝是在半张口的状态下咀嚼食物，所以会有食物溢出的情况出现	含在嘴里慢慢咀嚼食物
舌头的情况	当口中进入非流质食物即伸舌的情况消失，开始会前后移动舌头吃糊状食物	一旦学会前后上下动舌头，表明宝宝开始会吃东西了
长牙的程度	即便未到长牙的月龄，发育早的宝宝已经开始长下牙	下牙开始长出，但还不能完成咀嚼，个别发育早的宝宝已开始长上牙
换乳进行法	除了喂果汁以外，也可以尝试添加蔬菜、水果汁混于米糊里喂食，辅食开始一两个月后再进行浓度调整	将剁碎的蔬菜以及碎肉添加到米粥里，用颗粒状物质锻炼宝宝的咀嚼能力
换辅食的程度	黏糊状食物，可以粘在小匙上的程度	像软豆腐一样的程度

【出生10~12个月】	【出生13~15个月】	【出生16~36个月】
末期	结束期	幼儿期
能用牙龈压碎和咀嚼食物	除了难以咀嚼的、硬的食物外，基本可以和成人进食一样的食物	利用长出的前牙咬碎食物，板牙则被宝宝用来咀嚼食物
熟练使用舌头做上下摆动等动作 	舌头的使用已然接近成人能力，可以用舌头移动食物	基本可与成人一样使用舌头
8个月时长出两颗下牙和4颗上牙	1周岁左右板牙开始长出	尖牙会在16~18个月左右长出，两颗板牙长出则要到20个月左右，部分发育快的宝宝全部牙齿可能长全
已经可以吃稀饭，也可将蔬菜煮熟后切成碎块喂食	可喂食稀饭、汤、菜，还可添加些较淡的调味料	米饭、杂粮饭、汤菜均已可喂食
软硬程度应控制得像香蕉一样	可咀嚼柔软且易消化的软饭	米饭可以喂食，其他食物选择原则也以软、嫩为先

辅食的食材

辅食添加的顺序

为宝宝添加辅食的食材不是父母根据自己的喜好来选择的，要科学、理性地选择适合宝宝的食材，按照以下的添加顺序，循序渐进，宝宝一定会吃得健康、吃得开心。

汁—泥—半固体—固体

辅食的状态应该是由汁状开始，如稀米糊、菜汁、果汁等，到泥状，如浓米糊、菜泥、果泥、肉泥、鱼泥、蛋黄等，再到半固体、固体辅食，如软饭、烂面条、小馒头片等。

初期—中期—后期—结束期

可以从宝宝4个月开始添加汁泥状的辅食，算是辅食添加的初期。从宝宝6个月开始添加半固体的食物，如果泥、蛋黄泥、鱼泥等。宝宝7~9个月时可以由半固体的食物逐渐过渡到可咀嚼的半固体食物。宝宝10~12个月时，大多数宝宝可以逐渐进食固体食物。

 宝宝的第一餐应该加什么……

传统意义上认为最早给宝宝添加的食物当然应该是蛋黄，其实真正给宝宝的第一餐应该添加精细的谷类食物，而最好的就是强化铁的婴儿营养米粉。

这是因为精细的谷类不宜引发过敏反应，而且在宝宝出生后4~6个月，这个时期宝宝对铁的需求量明显增加，从母体储存到宝宝体内的铁逐渐消耗殆尽，母乳中的铁含量又相对不足，如果不额外补充铁，就容易发生缺铁性贫血。而婴儿特制米粉中含有适量的铁元素，比蛋黄中的铁更容易被宝宝吸收。

谷物—蔬菜—水果—肉类

首先应该给宝宝添加谷类食物，而且是加入了含铁的营养素，如婴儿含铁营养米粉，之后就可以添加蔬菜，然后就是水果，最后才开始添加动物性的食物，如鸡蛋羹、鱼肉、禽肉、畜肉等。

宝宝各阶段添加的辅食

宝宝各个阶段选择的辅食是不一样的，辅食的性状也是不一样的，最好先由米粉开始。当宝宝适应米粉之后，再尝试其他谷类的食物。而后陆续添加蛋黄、蔬果汁、蔬果泥、鱼汤等。

【月龄】	【类别】	【食材】
从出生4个月开始	谷类	► 米粉
	蔬菜类	► 马铃薯、黄瓜、地瓜、角瓜、南瓜
从出生5个月开始	蔬菜类	► 萝卜、西蓝花
	水果类	► 苹果、香蕉、梨、西瓜（有过敏症状的宝宝可从出生13个月后再开始食用）
从出生6个月开始	谷类	► 大米
	面食类	► 乌冬面（压碎后食用）
	蔬菜类	► 胡萝卜、菠菜、大头菜、白菜、莴苣
	肉类	► 牛肉（里脊）、牛肉汤、鸡胸脯肉
	海藻类	► 紫菜、海藻
	豆类	► 豌豆、黑豆、花生、栗子
从出生7个月开始	谷类	► 黑米、小米、大麦、玉米（有过敏症状的宝宝可从出生13个月开始食用）
	菜类	► 洋葱
	水果类	► 香瓜
	海鲜类	► 鳕鱼、黄花鱼、明太鱼、比目鱼、刀鱼（有过敏症状的宝宝可以选择性食用）
	海藻类	► 海带
	蛋类	► 蛋黄（有过敏症状的宝宝可以出生1周岁后再开始食用）
	豆类	► 大豆、豆腐、水豆腐（有过敏症状的宝宝可从出生13个月后再开始食用）
从出生8个月开始	乳制品	► 酸牛奶（有过敏症状的宝宝可从出生13个月后再开始食用）

【月龄】	【类别】	【食材】
从出生9个月开始	谷类	► 黑米、绿豆
	蔬菜类	► 黄豆芽、绿豆芽
	水果类	► 哈密瓜
	海鲜类	► 白鲢
	蚌类	► 牡蛎
	乳制品	► 婴儿用奶酪片（过敏宝宝从13个月开始食用）
	坚果类	► 芝麻、黑芝麻、野芝麻、松仁、葡萄干
	调料类	► 香油、野芝麻油、食用油、橄榄油
从出生10个月开始	谷类	► 麦粉（过敏宝宝从13个月开始食用）
	蔬菜类	► 萝卜、熟柿子
	水果类	► 葡萄（压碎去籽后）
	海鲜类	► 虾（过敏宝宝从25个月开始食用），干虾汤
	蛋类	► 鹌鹑蛋黄
从出生11个月开始	谷类	► 红豆
	蔬菜类	► 大辣椒、青椒、蕨菜、柿子
	肉类	► 猪肉（里脊）、鸡肉（所有部位）
	海鲜类	► 干银鱼（将银鱼泡在水里等完全去除盐分后再做成宝宝辅食，做汤要从13个月后再开始食用），飞鱼子
	乳制品类	► 液体酸牛奶（这时期可以食用，但因酸牛奶里含有防腐剂建议少食用。如果有过敏症状还可在宝宝13个月后开始使用），黄油（有过敏症状的宝宝应在适应鲜牛奶后食用）
	调料类	► 大酱
	其他	► 果冻类、面包（有过敏症状的宝宝应在医生指导下食用）

【月龄】	【类别】	【食材】
从出生12个月开始	谷类	► 薏苡
	面食类	► 面条、乌冬面、意大利面、荞麦面（有过敏症状的宝宝可从25个月后再开始食用）、粉条
	蔬菜类	► 韭菜、茄子、番茄、竹笋
	肉类	► 牛肉（里脊和腿部瘦肉）
	水果类	► 橘子、柠檬、菠萝、杜果、橙子、草莓、猕猴桃
	海鲜类	► 鱿鱼、蟹、鲅鱼、干明太鱼、金枪鱼（有过敏症状的宝宝可以选择性食用）
	蚌类	► 干贝、蛏子、小螺、蛤仔、鲍鱼（有过敏症状的宝宝应在25个月后再开始食用所有蚌类）
	乳制品、蛋类	► 鸡蛋清、鹌鹑蛋清（有过敏症状的宝宝应在出生后25个月开始食用）、鲜牛奶（有过敏症状的宝宝应咨询医生食用）、炼乳
	调料类	► 盐、白糖、酱油、番茄酱、醋、沙拉酱、蚝油
	其他	► 玉米片、蜂蜜、蛋糕、香肠、火腿肠、鸡翅
从出18个月后开始	乳制品	► 奶酪
	坚果类	► 南瓜子
	调料类	► 红干椒面、红干椒酱
从出生24个月开始	肉类	► 猪肉（五花肉）
	海鲜类	► 黄花鱼、干虾
	坚果类	► 花生、杏仁（如果有过敏症状的宝宝可选择性食用）
	其他	► 巧克力、鱼丸（切成小块，注意喂食安全）

不同食材的摄取量

计数法

在给宝宝称量食材用量时，不是只看某某多少克数，同时要控制手中的匙去量适合宝宝的量。

20克米
20克米相当于一平匙

20克浸泡的米
见高于匙半厘米

10克西蓝花
切碎后一匙或两个鹌鹑蛋大小

20克西蓝花
相当于3个拇指的量

20克嫩角瓜
将角瓜切成1.5厘米厚度的片

10克马铃薯
按5厘米×2厘米×1厘米标准切成条状或直接切碎至一匙

20克马铃薯
大约4片直径4厘米的马铃薯片的量

20克地瓜
厚度为20厘米直径为5厘米的一块的量

10克南瓜
剁碎后一匙的量

20克黑豆
35～45粒

10克豆腐
碾成一匙的量

20克豆腐
两匙的量

20克南瓜
6块直径10厘米的南瓜片的量

10克胡萝卜
剁碎后压为一匙

20克胡萝卜
将4厘米直径的胡萝卜切成2厘米厚度的片

10克菠菜
切碎后半匙左右

20克菠菜
茎叶长度大约为12厘米的蔬菜一片

10克洋葱
一个拳头大小的洋葱的1/16

20克洋口蘑
一个中等大小的口蘑

20克冬菇
一个中等大小的冬菇

20克金针菇
示指扣到拇指第一节拉紧的一把

20克豆芽
示指扣到拇指第一节拉紧的一把

10克苹果
压成汁后一匙

10克白色海鲜
煮熟后压成一匙

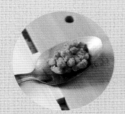

10克牛肉
剁碎后放置2/3匙或两个鹌鹑蛋大小

20克牛肉
压满一匙的量

20克小银鱼
切碎后两匙

调料类计量法

刚刚给宝宝添加辅食时都无法确定到底何种量才是合适的，所以每次喂宝宝时所用实际量就是最佳标准。

粉状食物、调味料用匙计量

常见的"约"到底是多少量呢？用在手握上就是示指和拇指所取得的量，体现在计量匙上就是装粉末状食材的话是1/4匙，粗颗粒的话是1/2匙。

简单方便的匙计量法

食材最好达到凸起的程度，相当于1小匙的程度是5毫升的分量。约等于成人用匙的3/4程度或宝宝用匙的1匙。把材料切成小块或压汁后的10克相当于成人用匙的1匙或宝宝用匙2匙的量。

【调味料】	【1大匙15毫升】	【1小匙5毫升】	【1~2毫升的量】
酱油			
香油			
橄榄油 食用油			
醋			
鸡精			
盐			
白糖			
芝麻盐			
红干椒面			

食材的大小和粗细

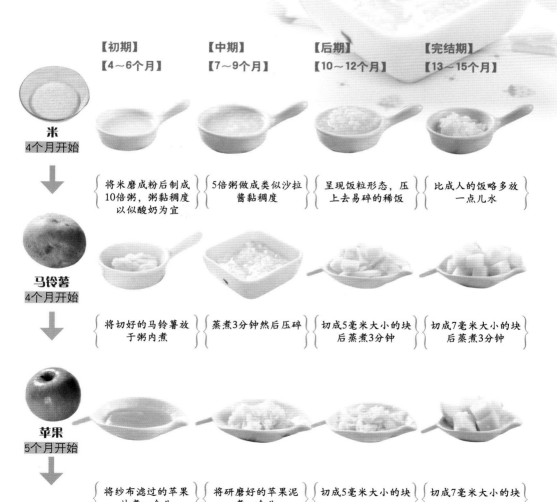

	【初期】 【4～6个月】	【中期】 【7～9个月】	【后期】 【10～12个月】	【完结期】 【13～15个月】
米 4个月开始	将米磨成粉后制成10倍粥，粥黏稠度以似酸奶为宜	5倍粥做成类似沙拉酱黏稠度	呈现饭粒形态，压上去易碎的稀饭	比成人的饭略多放一点儿水
马铃薯 4个月开始	将切好的马铃薯放于粥内煮	蒸煮3分钟然后压碎	切成5毫米大小的块后蒸煮3分钟	切成7毫米大小的块后蒸煮3分钟
苹果 5个月开始	将纱布滤过的苹果汁煮一会儿	将研磨好的苹果泥煮一会儿	切成5毫米大小的块	切成7毫米大小的块

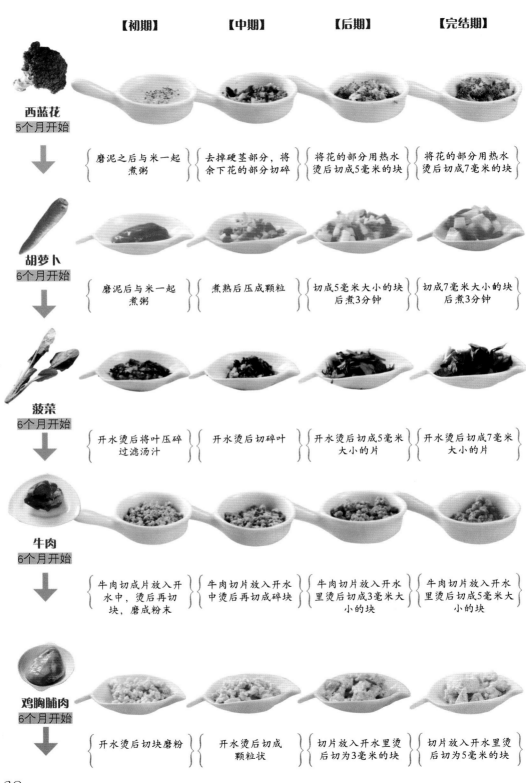

	【初期】	【中期】	【后期】	【完结期】

西蓝花
5个月开始

磨泥之后与米一起煮粥

去掉硬茎部分，将余下花的部分切碎

将花的部分用热水烫后切成5毫米的块

将花的部分用热水烫后切成7毫米的块

胡萝卜
6个月开始

磨泥后与米一起煮粥

煮熟后压成颗粒

切成5毫米大小的块后煮3分钟

切成7毫米大小的块后煮3分钟

菠菜
6个月开始

开水烫后将叶压碎过滤汤汁

开水烫后切碎叶

开水烫后切成5毫米大小的片

开水烫后切成7毫米大小的片

牛肉
6个月开始

牛肉切成片放入开水中，烫后再切块，磨成粉末

牛肉切片放入开水中烫后再切成碎块

牛肉切片放入开水里烫后切成3毫米大小的块

牛肉切片放入开水里烫后切成5毫米大小的块

鸡胸脯肉
6个月开始

开水烫后切块磨粉

开水烫后切成颗粒状

切片放入开水里烫后切为3毫米的块

切片放入开水里烫后切为5毫米的块

30

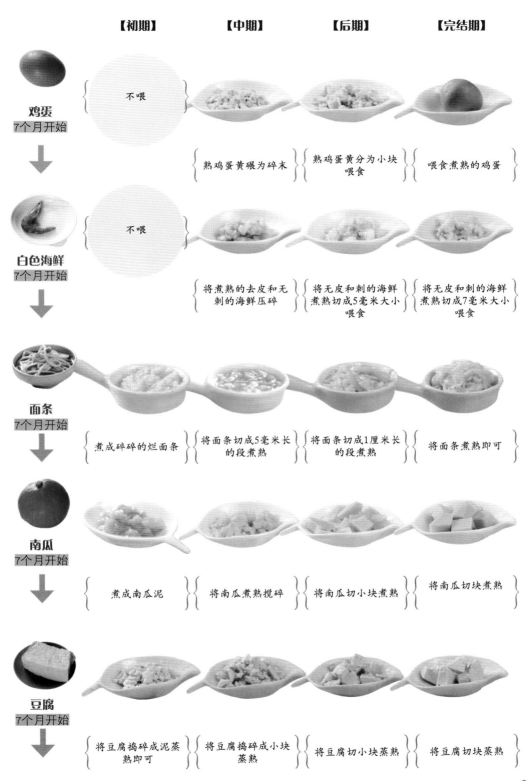

	【初期】	【中期】	【后期】	【完结期】
鸡蛋 7个月开始	不喂	熟鸡蛋黄碾为碎末	熟鸡蛋黄分为小块喂食	喂食煮熟的鸡蛋
白色海鲜 7个月开始	不喂	将煮熟的去皮和无刺的海鲜压碎	将无皮和刺的海鲜煮熟切成5毫米大小喂食	将无皮和刺的海鲜煮熟切成7毫米大小喂食
面条 7个月开始	煮成碎碎的烂面条	将面条切成5毫米长的段煮熟	将面条切成1厘米长的段煮熟	将面条煮熟即可
南瓜 7个月开始	煮成南瓜泥	将南瓜煮熟搅碎	将南瓜切小块煮熟	将南瓜切块煮熟
豆腐 7个月开始	将豆腐捣碎成泥蒸熟即可	将豆腐捣碎成小块蒸熟	将豆腐切小块蒸熟	将豆腐切块蒸熟

31

辅食食材的选购方法

鱼、肉、禽蛋

民以食为天，食以安为先。尤其是宝宝的饮食更要注意选购的方法。

虾米

虾米是上乘干鲜，选购虾米首先要看是海产还是湖产的。海产的味道鲜美可口，肉质肥嫩厚实；湖产的不论味道、肉质都较逊色。

优质的虾米外观整洁，呈淡黄而有光泽；肉质紧密坚硬，色泽鲜艳而又发亮的，这说明是在晴天时晾制的；色暗而不光洁的，是在阴雨天晾制的，一般都是咸的。虾身弯曲者为好，说明是用活虾加工的；直挺挺的，不大弯曲者较差，这大多是用死虾加工的。品尝时，咀嚼一下，鲜中带微甜者为上乘，盐味重的则质量较差。

变质的虾米往往表面潮润，虾皮体形不完整，暗淡无光泽。多为灰白至灰褐色，肉质或酥松或如石灰状，以手握一把后，黏结不易散开，有霉味。

带鱼

带鱼因其生产方式不同，分为钩带、网带、毛刀3种。

1.钩带是用钓钩捕捞的带鱼，体形完整，鱼体坚硬不弯，体大鲜肥，是带鱼中质量最好的。

2.网带是用网具捞捕的带鱼，体形完整，个头大小不均。

3.毛刀就是小带鱼，体形损伤严重，多破肚，刺多肉少。

不论哪种带鱼，凡新鲜的都是洁白有亮点，呈银粉色薄膜。如果颜色发黄，有黏液，或肉色发红，属保管不当，是带鱼表面脂肪氧化的表现，不宜购买。

牛肉

新鲜的黄牛肉呈棕红色或暗红色，剖面有光泽，结缔组织为白色，脂肪为黄色，肌肉间无脂肪杂质。新鲜的水牛肉呈深棕色，纤维较干燥。新鲜的牦牛肉肉质较嫩，微有酸味。

虾仁

购买时须注意，新鲜和质量上乘的虾仁应是无色透明，手感饱满有弹性。看上去个大、色红的则应当心。

☆小提示☆

解冻前看起来质量上乘的冰虾，解冻后却发现，虾仁不仅没有正常的口感、味道，还存在掉颜色现象。一些经营者在加工虾仁时，用福尔马林防腐保鲜，再放到工业火碱中浸泡，使其体积膨胀吸水，增加重量，然后用甲醛溶水固色和着色，使虾体色泽鲜艳，这种冰虾不宜选购。

鸡蛋

1.可用日光透视

用左手握成窝圆形，右手将蛋放在圆形末端，对着日光透视。新鲜鸡蛋呈微红色，半透明状态，蛋黄轮廓清晰；如果昏暗不透明或有污斑，说明鸡蛋已变质。

2.可观察蛋壳

蛋壳上附着一层霜状粉末、蛋壳颜色鲜明、气孔明显的是鲜蛋；陈蛋正好与此相反，并有油腻感。

羊肉

新鲜的绵羊肉肉质较坚实，颜色红润，纤维组织较细，略有些脂肪夹杂其间，膻味较少。新鲜的山羊肉肉色比绵羊的肉色略白，皮下脂肪和肌肉间脂肪少，膻味较重。

猪肉

1.健康猪肉

一般放血良好，肉呈鲜红色或淡红色。切面有光泽而无血液，肉质嫩软，脂肪呈白色，肉皮平整光滑，呈白色或淡红色。

2.死猪肉

放血极度不良，肉呈不同程度的黑红色，肉的切面有许多黑红色的血液渗出，脂肪呈红色，肉皮往往是青紫色或蓝紫色。

猪肝

1.粉肝、面肝

质均软且嫩，手指稍用力，可插入切开处。做熟后味鲜、柔嫩。不同点在于前者色如鸡肝，后者色赭红。

2.麻肝

反面有明显的白色络网，手摸切开处不如粉肝、面肝嫩软，做熟后质韧，易嚼烂。

3.石肝

色暗红，比粉肝、面肝、麻肝都要硬一些，手指稍着力亦不易插入，食用时要多嚼才能烂。

4.病死猪肝

色紫红，切开后有余血外溢，少数生有脓水疱。如果不是整个的，挖除后，虽无痕迹，但做熟后无鲜味，再加上做汤、小炒加热的时间短，很难杀死其中的细菌。

5.灌水猪肝

色赭红显白，比未灌水的猪肝饱满，手指压迫处会下沉，片刻复原，切开处有水外溢，做熟后味道差，未经高温处理易带有细菌。

蔬菜水果

为宝宝选择蔬菜和水果一定要选应季的，食用前要清洗干净。

莲藕

莲藕的质量以修整干净，不带叉、不带后把、不带外伤，质脆嫩，不蔫、不烂、不冻者为佳。

四季豆

选购四季豆时，应挑选豆荚饱满、肥硕多汁、折断无老筋、色泽嫩绿、表皮光洁无虫痕者。

柑橘

选购柑橘时，应挑选果形端正、无畸形、果色鲜红或橙红、果面光洁明亮、果梗新鲜者。

西瓜

选购西瓜时,要注意以下几方面。

1.观色听声

瓜皮表面光滑、花纹清晰、底面发黄的是熟瓜;用手指拍瓜听到"嘭嘭"声的是熟瓜;听到"当当"声的是还没有熟的瓜,听到"噗噗"声的是过熟的瓜。

2.看瓜柄

绿色的是熟瓜;黑褐色、茸毛脱落、弯曲发脆、卷须尖端变黄枯萎的是不熟就摘下的瓜;瓜柄已枯干是"死藤瓜",质量差。

3.看头尾

两端匀称,脐部和瓜蒂凹陷较深、四周饱满的是好瓜;头大尾小或头尖尾粗的,是质量较差的瓜。

4.比弹性

瓜皮较薄,用手指压易碎的是熟瓜;用指甲划要裂,瓜发软的是过熟的瓜。

5.用手掂

有空飘感的是熟瓜;有下沉感的是生瓜。

6.试比重、看大小

投入水中向上浮的是熟瓜;下沉的是生瓜。同一品种中,大比小好。

7.观形状

瓜体整齐匀称的,生长正常,质量好;瓜体畸形的,生长不正常,质量差。

米、面

米面的选购一定要嗅其气味,观察其外观,才能确保买到上乘的米面。

大米

优质米颜色白而有光泽,米粒整齐,颗粒大小均匀,碎米及其他颜色的米极少。当把手插入米时,有干爽之感。然后再捧起一把米观察,米中是否含有未熟米(即无光泽、不饱满的米)、损伤米、生霉米粒。同时还应注意米中的杂质,优质米糠粉少,带壳稗粒、稻谷粒、砂石、煤渣、砖瓦粒等杂质少。

面粉

面粉是由小麦磨制烘干而成的。分为标准粉、富强粉和强力粉3种。优质面粉有面香味，颜色纯白，干燥不结块或团。劣质面粉水分重、发霉、结团块、有恶酸败味，不能食用。

干货

干货的种类繁多，价格高，品质参差不齐，要掌握一定的技巧才能挑选到好的干货。

冬菇

1.一级冬菇

要求菇面完整有花纹，底色黄白，肉质厚实不翻边，菇面不小于1元硬币，气味淡香，无烟熏糊黑，无虫蛀霉变，无杂质。

2.二级冬菇

菇面无花纹，其他和一级相同。

3.三级冬菇

菇面无花纹，底色黄白或深棕，身干味香，无虫蛀、霉烂、糊黑，无杂质，菇面和碎块不小于1.2厘米；再次的为等外级。

黑木耳

黑木耳掺假主要是用红糖或盐水等浸泡，或趁湿黏附沙土以增加重量。没有掺假的黑木耳，直观表面黑而光润，有一面呈灰色；用手触摸觉干燥，无颗粒感；嘴尝无任何异味。掺假的黑木耳，看上去朵厚，耳片黏在一起；手摸时有潮湿或颗粒感，嘴尝或甜或咸；掺假黑木耳分量要比没掺假的重。优质黑木耳应色黑、片薄、体轻、有光泽。

干菜

干货包括干菜类和山珍海味类。干菜类包括笋干等，品种繁多。选购标准是：干燥、整齐、不霉、无虫，能保持原来的色泽。

辅食食材的储存方法

保有食物原味及口感

一旦掌握正确的冷冻技巧，那么保持食物在冷冻之后仍旧保持原先的新鲜和美味就是一件轻而易举的事了。

冷冻应及时

不能只冷冻剩余的食物，应该在原料新鲜的时候就及时冷冻。因为只有当食物十分新鲜时及时冷冻，才能保证食物鲜美的味道。

☆小提示☆

冷冻的确是可以将食材延长很久保存时间，但是它也是有一定期限的，所以在冷冻时最好给保鲜袋或者在其他保险容器上标注日期，这样能够在使用食材前及时核对保存期限，避免过期食用。

保鲜膜外须加上保鲜袋

为了防止保鲜膜本身的细孔导致保存食物时出现干燥或串味等现象，要在速冻食物时放入封好的保鲜袋中，但这样不能直接使用微波炉解冻。

为防氧化及时排出空气

　　保鲜最大的敌人就是空气。因为食材往往是因为接触到空气而容易氧化，特别是那些鱼、肉等含脂肪类较多的食物，最容易氧化。所以，针对此类食材应隔绝空气进行保存。因为即使冷冻了，如果未隔绝空气，它们仍然会继续氧化，因此，冷冻时应选择密封的保鲜袋或者其他相应容器，并且尽量排掉空气。

猪肉片

　　平时将猪肉片冷冻起来，等到食用时再解冻，既方便又卫生。

使用保鲜膜隔开肉片

1.肉与肉之间用保鲜膜隔开

　　使用保鲜膜隔开猪肉片，每片肉用保鲜膜包裹3～4层之后再并排放置。

2.包上保鲜膜后速冻

　　保鲜膜包上后进行速冻，用金属容器将包好的肉片进行速冻。

3.放入冷冻保鲜袋

　　当需要完全冷冻时，将肉片放入保鲜袋中速冻。

解冻方法

　　若时间充足则将肉片放入冰箱保鲜室自然解冻，反之则可使用微波炉解冻。

鸡翅

为了去掉鸡翅所特有的味道，冷冻时应先用水冲洗干净去除异味，然后吸干水分之后直接冷冻或者调味后再冷冻。

直接冷冻

1.肉洗净后吸干水分

洗干净之后再吸除水分，用水洗干净去除异味之后，使用纸巾吸干水分。

2.速冻后放入冷冻保鲜袋

速冻之后放入冷冻保鲜袋，再用保鲜膜将鸡翅间隔放置后再次放入保鲜袋冷冻。

解冻方法

可以放在保鲜室自然解冻，也可以使用微波炉解冻。如果做炖菜则可直接使用。

南瓜

长南瓜冷冻之后也不容易变味。可以将南瓜煮熟之后切块冷冻，也可以做成南瓜泥之后再冷冻。

1.切成一口大小的块

将南瓜籽和瓜蒂去掉之后，再切成块。

2.速冻之后放入保鲜袋

将保鲜膜铺在金属盘上，然后将南瓜块有间隔地摆上，盖上保鲜膜，冷冻后再放入保鲜袋。

解冻方法

自然解冻或者使用微波炉解冻。

虾

长时间的冷冻也不会改变虾的味道，所以虾既可以煮熟了冷冻保存，也可以生着冷冻。

3.速冻后放入冷冻保鲜袋

速冻之后放入冷冻保鲜袋。

1.去掉虾背上的腥线

去除虾背上的腥线。因为煮熟之后就无法去除掉腥线了，所以在煮之前将虾头去掉，然后用牙签挑出虾背上的腥线。

2.放在热水中煮

把虾放在热水里煮，将少许盐和酒放入烧开的水中后，将虾放入，煮到虾壳的颜色变红以后捞出，沥干水分。

解冻方法

既可在冰箱保鲜室自然解冻，也可以使用微波炉解冻，又或者直接使用。

白菜

白菜自身的水分比较多，所以不宜整颗冷冻，最好是将叶和菜帮分开煮熟后冷冻。

菜叶和菜帮分开煮熟

1.菜叶和菜帮要分开

煮熟菜叶和菜帮所需要的温度不同，所以需将二者分开。

2.放到锅中煮熟

先将菜叶放入锅中然后再放菜帮，添加盐水煮，等到煮好后冷却沥干水分。

3.速冻之后再放入冷冻保鲜袋

将煮熟沥干水分的菜叶和菜帮放入冷冻保鲜袋后速冻。

解冻方法

既可自然解冻也可使用微波炉解冻，如果用来做炖菜则可直接使用。

胡萝卜

既可以切成条状直接冷冻，也可以切成块煮熟之后再冷冻保存。

切开后煮熟

1.煮熟后沥干水分

把切成块的胡萝卜放入锅中煮，等煮熟后捞出冷却后沥干水分。

2.冷冻后放入保鲜袋

用保鲜膜包上冷冻，然后放入保鲜袋。

解冻方法

既可自然解冻，也可使用微波炉解冻，如果用来做炖菜则可直接使用。

香蕉

香蕉直接放入冰箱保存容易变黑，那要如何保存呢?

切成块状

将剥去皮的香蕉切成块状，然后摆放开用保鲜膜包上，冷冻后放入冷冻保鲜袋。

解冻方法

用来做菜时，可以自然解冻。如果是做果汁，那也可直接放入搅拌机中使用。

葡萄

葡萄整体保存中间部分的葡萄粒很容易坏，最好一粒粒摘下来贮存。

按粒保存

将葡萄一粒粒分开以后，用水洗干净，然后沥干。用保鲜膜包上后放入冷冻保鲜袋进行冷冻。

解冻方法

直接使用，或者在水中浸泡后剥皮。

鸡蛋

将鸡蛋加工之后再冷冻也是不错的选择。把鸡蛋煎成饼或者炒熟后再冷冻，还更加节约烹饪时间。

鸡蛋糊

将鸡蛋搅拌成糊状，然后放入密闭的容器中速冻。如果数量不多的话可以用保鲜膜包裹起来速冻。如果只要蛋清的话就不要搅拌，然后其他步骤不变进行冷冻。

解冻方法

自然解冻。

炒鸡蛋

1.把鸡蛋糊炒松

把1大匙白糖放入鸡蛋糊后混合搅拌均匀，然后再放到放有鸡精的煎锅中炒匀。

2.速冻后放入保鲜袋

将炒好的鸡蛋松放入保鲜袋后进行速冻。

解冻方法

可使用微波炉解冻。

米饭

　　如果只是将米饭放在保鲜室里会容易变干，所以最好将米饭冷冻保存，食用时可用微波炉加热或者炒熟以后再吃。

分成一次使用量后用保鲜膜包住

　　当米饭还是温热的时候，用保鲜膜按一次使用量包好后压平，然后等到冷却后再放入保鲜袋中。

分成一次使用量后放入密封容器

　　将米饭放入容器中封好，等其冷却后再进行速冻。

解冻方法

　　使用微波炉进行解冻。

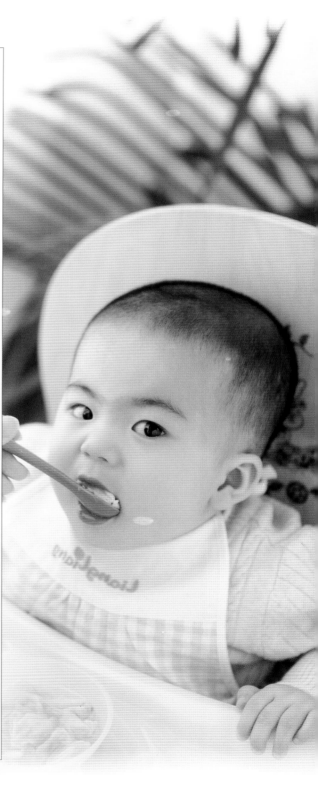

蘑菇类

蘑菇自身特点就较为方便进行冷冻。将蘑菇去掉根后切成小块,直接冷冻就可以。如果沾水就会对味道产生一定影响。

蘑菇切成块

1.蘑菇块大小要适宜

去掉蘑菇根后,将蘑菇斜切成块。

2.炒软加工

在锅中放入两小匙植物油后加热,再放入切好的蘑菇块炒软,最后加点盐。

3.冷却后放入保鲜袋

冷却后放入保鲜袋

解冻方法

既可自然解冻,也可使用微波炉解冻。如果是用来做炖菜则可直接使用。

红薯

因为红薯的口味不受生熟的影响,所以可以将红薯加工成泥状蒸熟后冷冻保存。

使用微波炉蒸熟

1.放入微波炉加热

将去皮洗净的红薯用保鲜膜包住放入微波炉加热2~3分钟。

2.切片后速冻

将熟的红薯切成1厘米厚的圆片后,用保鲜膜包住进行速冻。

3.放进冷冻保鲜袋

将用保鲜膜包住的红薯块整齐地放入保鲜袋内冷冻保存。

解冻方法

既可自然解冻,也可使用微波炉解冻。如果是用来做炖菜则可直接使用。

辅食食材料理方法

蔬菜类

　　只要理清各种相应的食材，制作相应的辅食食材也就不是一件多么困难的事情。下面就介绍南瓜、油菜等常用的换乳食材的简单处理方法。

1. 油菜

❶　先用开水将油菜烫一下，去掉最外层的菜叶，保留最好的部分。烫完菜之后，记得用凉水冲一下。

❷　将剩下的油菜去掉茎后的菜叶部分一张张叠放起来。

❸　按照5毫米的间隙切叠好的这部分菜叶。

❹　此时的菜叶已切成丝状，可以给6个月之后的任何月龄的宝宝食用。

> ☆小提示☆
>
> 　　油菜不宜长期保存，放在冰箱中可保存24小时左右。

2. 南瓜

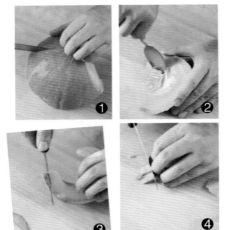

☆小提示☆

在添加辅食初期和中期的时候，用过滤网将蒸熟后的南瓜过滤后再食用。

❶ 因为南瓜本身较为厚实，皮也较硬，所以切起来就得有一定技巧。

❷ 将切成块状的南瓜皮朝下放置，然后再用匙清除瓜籽。

❸ 用刀轻轻去掉下部的皮。

❹ 最后将去皮无籽的南瓜块切碎。

❶ 把番茄放入用水和醋按10∶1调配成的液体中浸泡几分钟后，再用流水冲干净。

❷ 在番茄蒂的反方向部分用刀划出十字形口，然后放入开水中烫一下。

❸ 剥掉番茄的皮，然后将番茄蒂挖掉。

❹ 用刀将番茄分成4等份后去籽，再切成块状或者丝状。

3. 番茄

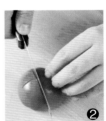

☆小提示☆

挑选番茄的时候应注意它的新鲜度和表面是否饱满，果肉是否硬挺，色泽是否明亮。

肉类

　　宝宝食用的肉类应该选择容易消化的鲜嫩肉，要将筋剔除掉；或者将肉剁成肉馅再做给宝宝吃亦可，那样既利于保持肉的香味，也方便宝宝消化。但是做肉馅儿相对来说费劲些，所以可以一次性多做一些，然后预留起来，随用随取。

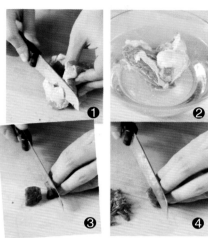

❶ 首先去除脂肪和筋。

❷ 放到凉水里浸泡20分钟以上，去除掉血水。

❸ 切割成3毫米厚度的薄片后煮熟。如果只是作为辅料配合别的食材，可以预先用开水烫一下。

❹ 在切肉的时候，应该按照肌肉的走向纹理垂直切，这样不仅容易切，吃起来味道也会不一样。切片后也可以剁碎备用。

海鲜类

　　海鲜营养丰富、味道鲜美，但是一定要清洗干净后再给宝宝食用。尤其是要去除掉一些海鲜身上的黏液，一些贝壳类的海鲜还要去壳。

❶ 用刀将煮熟的贝壳打开后，取出里面的肉。

❷ 辅食用不到贝壳的内脏，所以用刀去除内脏部分。

❸ 把剩下的肉斜切成块。

❹ 把肉块剁碎，直至成为肉酱。

2. 鲜虾

☆小提示☆

鲜虾极易引起过敏反应，所以在制作辅食的时候一定要注意。

❶ 首先把虾头和虾壳去掉，然后捏住虾的尾部，将尾巴也去掉。

❷ 把虾横着切成两部分，然后再去掉背上的腥线。

❸ 将平坦的一面放置朝下，将虾段切成片。

❹ 将虾片剁碎。

3. 多肉的鱼

❶ 将鱼鳞和鱼鳍去掉，再把鱼切成大小适宜的块。

❷ 选择肉多的放在盐水里冲洗干净。

❸ 再用洋葱汁或者梨汁去除掉腥味。

❹ 放入水中煮至水开为止。将煮熟的鱼肉捞出，剔除掉鱼皮和鱼刺，将剩下的鱼肉搅拌成泥。

☆小提示☆

只要宝宝不过敏，除了生鱼之外的任何鱼都可以吃。品种越丰富，宝宝的营养越全面，但是一定要注意食用量。

水果类

一般宝宝都喜欢水果，所以这是最适合宝宝的食材。但是现在的水果在种植过程中都会喷洒农药，所以喂食前一定要将果皮去掉。

☆小提示☆

按着瓜蒂部分觉得比较软说明瓜不太新鲜。瓜味比较香浓证明瓜熟透了。

❶ 将哈密瓜浸泡在水醋比例为10∶1的混合液中或者用毛巾沾了擦拭，然后用流水冲洗。

❷ 将瓜竖着分成16等份。切的时候先把刀尖插进去，方便切瓜。

❶ 因为猕猴桃表面的毛会导致过敏，所以使用前先用刷子在水下洗刷干净。

❷ 从猕猴桃的蒂部开始去皮，用刀将靠近蒂部较硬的部分挖出。

❸ 竖着切成4等份。

❹ 中间白色部分的果肉比较难嚼，可以去掉。

☆小提示☆

选择较甜的猕猴桃切开，然后用匙挖出来喂宝宝食用。对于一周岁以上的宝宝可以把猕猴桃去皮后切成块状喂食。

1. 哈密瓜

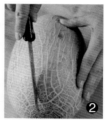
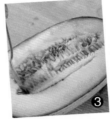

❸ 瓜籽用刀刮出来扔掉。

❹ 用刀把距离瓜皮1厘米左右的坚硬部分挖出来扔掉，留下娇嫩的果肉部分。

2. 猕猴桃

菌类

给宝宝吃的蘑菇不用过分清洗，因为那样会造成营养的流失。

❶ 把茎部较硬的部分去掉，只取用伞帽部。

❷ 用刀朝着伞帽部去皮。

❸ 把平坦部位向下，切成片。

❹ 将片切成碎块即可使用。

坚果类

虽然坚果的营养很丰富，妈妈也喜欢用来喂食宝宝，但是需要小心的是别让坚果的碎粒噎着宝宝。

栗子

❶ 带皮的栗子要放在温水里浸泡半个小时以上。

❷ 把刀在栗子尖的部位划开口后，从上而下地去皮。

❸ 把去皮的栗子放在水中煮开10分钟左右，然后再放入凉水中浸泡几分钟。

❹ 用刀把内皮去掉并且把栗子磨成碎块。

最佳食材的搭配方案

猪肉＋卷心菜＝维生素K

提高钙质吸收率，帮助骨骼成型，预防骨质疏松症

人体虽然对维生素K的需要量少，但其却是促进血液正常凝固及骨骼生长的重要维生素，且新生儿极易缺乏，因此，为宝宝准备的日常菜谱中，一定要注意对维生素K的摄取。一般黄绿色蔬菜都含有丰富的维生素K，如卷心菜、菜花、豌豆、韭菜等。猪肉中含有宝宝生长发育必不可少的蛋白质，而卷心菜含有丰富的维生素、纤维素、钙和磷，这些物质能促进宝宝骨骼发育，卷心菜和猪肉同食，增加了菜肴的滋养性，荤而不腻，素而不淡，营养更加全面。

猪肉＋鸡蛋＝维生素A

能够预防病毒入侵，强化肌肤及黏膜

猪肉富含蛋白质，也含有部分的锌，和富含维生素A、维生素C的食材搭配组合，能有效提高人体免疫力。维生素A多存在于乳制品、鸡蛋、动物内脏、鱼类中，而黄花菜、菠菜都是富含维生素C的食物。

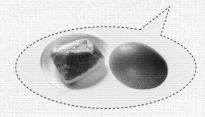

牛肉＋萝卜＝多种维生素

增强机体免疫功能，提高抗病能力

萝卜富含多种维生素，能有效提高免疫力，而牛肉富含的蛋白质也是构成白细胞和抗体的主要成分，且萝卜中的淀粉酶能分解牛肉中的脂肪，使之得到充分的吸收，二者同食，营养价值更高。

鸡肉＋金针菇＝赖氨酸、锌

增强机体生物活性，促进宝宝身高和智力发育

金针菇含有较全的人体必需氨基酸成分，并富含锌质，对宝宝的身高和智力发育有良好的作用，人称"增智菇"。鸡肉的优质蛋白质能强壮身体，而金针菇具有加速营养素吸收利用的作用，二者搭配同食，有相得益彰的效果。

猪肝＋荸荠＝磷

促进人体生长发育

荸荠中含的磷是根茎类蔬菜中较高的，对牙齿骨骼的发育有很大好处，还可促进体内碳水化合物、脂肪、蛋白质的代谢，十分适合宝宝食用。而猪肝富含蛋白质、卵磷脂等，也可促进宝宝智力和身体发育，二者同食，营养更佳。

鲫鱼＋蘑菇＝钙、蛋白质

排解便秘，滋补清肠

鲫鱼营养丰富，蘑菇滋补清肠，搭配同食，可理气开胃、止泻化痰、利水消肿、清热解毒，对身体健康十分有益。特别是婴幼儿比较容易缺钙，鲫鱼加蘑菇的搭配方案非常适合宝宝。但是鲫鱼鱼刺较多，食用时要特别小心。

鸡蛋＋虾仁＝钙

强健骨骼、牙齿，预防骨质疏松症

和鸡蛋相似的是虾仁、鲜贝、蟹肉，这几种海鲜食物都富含蛋白质和多种微量元素，而其钙含量远远高于鸡蛋，二者同食不但营养全面，口感更是极其鲜美，故非常适合成长发育中的宝宝食用。

虾＋鸡蛋＝DHA、卵黄素

促进神经系统及身体发育，健脑益智

虾和鸡蛋皆是很好的蛋白质来源，并富含对宝宝成长非常关键的氨基酸、DHA等营养物质，搭配同食，更增美味和营养。

牛奶＋西芹、油菜＝维生素群

强身健体，促进生长发育

西芹、油菜所富含的维生素群可提高人体对牛奶中营养物质如钙的吸收，可促进宝宝健康成长。

苦瓜＋鸡蛋＝优质蛋清

制造肌肉与血液的必需原料，维持机体正常生理机能

鸡蛋含优质蛋清和其他多种人体所需营养成分，与苦瓜同食可使营养更全面均衡，宜搭配同食。

此外，苦瓜还宜与胡萝卜、鹌鹑蛋、茄子、洋葱、瘦肉搭配同食，可促进营养物质的吸收，使功效互补，益于身体发育。

韭菜＋豆芽＝维生素C

提高免疫力，预防疾病

韭菜、豆芽都富含食物纤维，可促进消化、排解便秘，二者搭配同食更可加速体内脂肪的代谢，达到控制宝宝体重的功效。

此外，韭菜还与鸡蛋、豆干、豆腐、蘑菇、鲫鱼、肉类相宜，适宜与这些食材搭配食用，对身体有益。

薏米＋栗子＝维生素C

维持肌体正常功用，提高免疫力

薏米与栗子都是药食兼用的食物，均含有较高的碳水化合物、蛋白质、淀粉、脂肪以及多种维生素和宝宝所必需的多种氨基酸。

红薯＋牛奶＝钙质

强健骨骼牙齿

红薯煮熟后，部分淀粉发生变化，比生食时增加40%左右的食物纤维，在防治慢性病的作用方面非常突出，加上与富含钙质的牛奶同食，保健效果更佳。

菠菜＋胡萝卜＝维生素A

促进身体发育，保护血管

菠菜与胡萝卜同食可促进胡萝卜素转化为维生素A，以防止胆固醇在体内血管壁沉积，保护心脑血管。

南瓜＋山药＝淀粉酶

健脾益胃，促消化

山药可补气，南瓜富含维生素及食物纤维，同食可提神补气、降脂减肥，让宝宝的身体更强壮。

此外，南瓜还宜与绿豆、猪肉、莲子同食，都有防治肥胖的作用，可保健身体。

莴苣＋牛肉＝B族维生素

维持人体健康，促进皮肤、头发成长

莴苣是营养丰富的蔬菜，能刺激消化，增进食欲，有助于宝宝的睡眠。牛肉含有丰富的蛋白质，氨基酸组成比猪肉更接近人体需要。莴苣与含B族维生素的牛肉同食，可促进身体发育。

莲藕＋糯米＝碳水化合物

供给人体能量，调节细胞活动

莲子可滋阴除烦，糯米可补中益气、健脾养胃，与莲藕同食，可益气养血、补益五脏，对宝宝的身体健康极为有益。此外，莲藕还宜与酸梅、百合、鳝鱼、猪肉同食，对人体有益。

竹笋＋枸杞＝胡萝卜素、维生素A

保护眼睛，增强人体免疫力

竹笋与枸杞同食，可补充胡萝卜素、维生素A等竹笋所缺的营养素，对肝火重的宝宝比较有利。很多宝宝平时对着电视、电脑的时间长，影响视力的发育，竹笋和枸杞的搭配比较适合保护宝宝的眼睛。

金针菇＋西蓝花＝维生素C

提高机体免疫力，预防感冒

西蓝花的维生素C含量极为丰富，可提高机体免疫力，增强肝脏解毒能力，预防疾病，与金针菇搭配同食，不仅能促进发育，还可益智补脑。

除此之外，金针菇还宜与豆腐、鸡肉、猪肚同食，可防病健身。

酸奶＋草莓＝乳酸菌

保护肠道，促进消化

酸奶中的乳酸菌有润肠通便、预防肿瘤的功效，草莓富含维生素C及钾，同食易产生饱腹感，营养又丰富，具有很好的保健效果。

西柚＋番茄＝维生素A

维持、促进免疫功能，保护视力

此搭配含丰富的维生素A及维生素C，番茄与西柚榨汁同饮，低热低糖，是肥胖宝宝的理想饮品。还可加入冰片饮用，口感更好。

辅食制作的用具

水杯

　　适合宝宝用的水杯应是轻且不易碎的、双手把的，宝宝怎么摇晃这样的杯子也不容易打翻漏水，但这样的杯子不适宜用于让宝宝独立练习喝水。也不能选用带吸管的水杯用作换乳时的练习用杯，因为吸管不易清洗。所以，这两种杯子一般都是在外出时使用，在家里的时候使用一般杯子就可以。

容器

　　在添加辅食初期，选择容器应挑无污染、可消毒的材质，大小以容易让食物散热为宜。因为这个时期基本都是妈妈拿着容器喂宝宝食用，所以并不是一定得挑轻巧、不易碎的容器。但是如果宝宝在实际进食过程中开始对容器感兴趣，总是试图自己去抓的时候，则应该选择轻而不易碎的容器，如果容器有抗菌功能更好。等到宝宝开始自己吃东西时应该选用防滑的容器。

匙

　　喂食宝宝辅食的匙以茶匙大小为宜。匙的头部应浅些为好，这样喂食起来更容易。宝宝也比较喜欢匙头圆而柔软的材质，因为那样不刺激宝宝的口腔。当宝宝开始自己吃东西的时候，选用轻而且有弧度的匙比较合适。市面上经常有很多卖把手柄处理成环状的婴儿用匙。

菜刀和菜板

　　辅食制作应该使用专用的菜刀和菜板。菜板应该选用容易清洁的并且有过抗菌处理的。能卷起来存放的塑料菜板比较受欢迎，因为它不仅占地少，清洁方便，而且比较方便把切碎的材料移到锅里。

围嘴

围嘴长度至少要能遮挡住腹部，因为这样才能接住宝宝掉落下来的食物残渣。同时还要留意围嘴的系脖部分，既要方便固定在身体上，同时也要舒服，不然宝宝会抗拒围嘴。围嘴也要选用容易清洗的材质，以减少不必要的麻烦。

粉碎机

用粉碎机来处理少量的食材或者不易碾碎的蔬菜，如果粉碎机的中心有菜渣剩下，可用刷子刷干净。

桌布

虽然辅食初期仍然可以在床上喂，但为了养成宝宝在固定位置吃饭的习惯，最好选择在餐桌上吃饭。宝宝应该跟父母一起在餐桌上吃饭。挑选容易放置带有安全带，可以调整高度的宝宝座椅。然后将桌布铺放在餐桌上，即使宝宝掉了很多食物也容易清理。

礤床儿

使用礤床儿就是为了避免蔬菜和水果中的营养成分被破坏和流失。因为在辅食初期，使用的材料量都小，使用礤床儿切成小颗粒比较方便，而且不容易流失水分。如果是残留的食渣也方便用刷子清理。

如果有水果汁残留，用刷子刷后放水里冲洗5分钟，再用开水消毒即可。一般一周用开水消毒一次比较妥当。

棉布

去除食渣和过滤汤的时候要用到。还可以在辅食的初期用于再次过滤磨碎或榨汁的材料。棉布在大型超市、药店均有售。把药店里买到的纱布或者婴儿用的纱布手巾叠起来也可以当棉布使用，使用过后用肥皂洗干净、消毒，最后在阳光下晒干。

榨汁机

榨取那些熟透而且水分较多的水果，如橘子、鲜橙，先将水果切成两份，然后夹在帽部位左右摇晃，能更容易榨出汁。

捣碎器

对比粉碎机而言，捣碎器更容易处理煮熟的地瓜、马铃薯或者南瓜等，将热地瓜或者马铃薯放进去用捣碎器使劲一压，就可捣碎。

削皮刀

将换乳食材切碎前先用削皮刀削成片状，方便下一步的切碎。一般有钢和瓷器两种刀片，妈妈可以根据自己的需要选择。

筛网

相对于粉碎机来说，有些时候筛网更容易"过滤"和"捣碎"，但使用范围相对小一些，一般用于刚煮熟的热地瓜或者马铃薯等熟透的食物。

榨汁网

把少量水果放入网后用匙压住，便于榨出汁。这样就不用担心喂宝宝水果块会噎住宝宝喉咙。需要注意的是每次使用前后都得消毒。一般能在进口婴儿用品店买到。

迷你锅

在做辅食的时候使用特制的迷你锅会比较方便，因为它具有的长手柄非常便于制作那些需要不断搅拌的辅食。

制作辅食的烹调原则

使用餐具的原则

宝宝的肠胃一般都比较脆弱，所以给宝宝做辅食的时候尤其要注意用具干净整洁，餐具的使用方法就是其中一个需要注意的。

勤消毒厨具

要把一般的厨具和制作辅食的餐具分开放置。使用之后也要及时用洗涤剂冲洗干净，最好一周用开水消毒1~2次。

预备两个以上的菜刀和菜板

处理水果蔬菜和切鱼切肉的菜板要分别预备，这样能避免细菌的繁殖。如果只有一个菜板，那得注意每次换材料前的清洗。

不要再直接使用用过的勺子

在制作辅食的时候，用来尝试咸淡的勺子不能直接再次接触断奶餐，因为那样不仅容易使食物变质，也可能传染细菌给宝宝。

辅食的烹调原则

在烹饪辅食的时候，有以下几个方面需要注意。

每次做的量不要太大

辅食初期需要量少，因为即使将做好的辅食放冰箱保存，也还是会有细菌繁殖的，所以最多一次也只能做两天左右的量，而且要及时放进冰箱保存。

把食物分开装

先把所有的材料进行整理，按每次的使用量再分开保管。蔬菜叶子煮了之后再根据用途进行改刀，然后根据每次使用量分开保存。如果需要放两天以上，则要冷冻保存。

保证解冻食品当天使用

冷冻前，将食品按用量分成一份份保存。解冻后，如果有用剩的材料，需要马上放冰箱或者煮熟了以熟食的形态保存。需要注意的是，解冻过的肉不能再放入冰箱里两天以上。

辅食制作的方法

【类别】	【方法】
熬粥	制作辅食的最基本方法。熟悉了熬粥的基本方法后，可以轻松制作任何种类的粥。根据辅食的不同阶段需求，注意控制米粒的大小、水量多少来熬制适合各阶段宝宝食用的粥
熬汤	如果使用肉或者蔬菜来熬汤，会让辅食另有一番口味。但是不要熬得太浓，尤其是本身咸味就很重的材料
剁、切	在制作辅食的后期，要尽量使用切的方法。首先洗干净材料后，切成适当粗细的条状，再根据所需切成丁状或者剁碎
使用漏勺滤汁	此法主要用于辅食制作初期，用来制作流食。常使用漏勺或榨汁机。把稀粥放入漏勺中过滤得到米汤，把煮熟打碎的马铃薯或地瓜放在漏勺里也可以去掉大块的颗粒。榨汁机主要是用来制作橙汁或橘汁
研磨	这是辅食初期经常会使用到的方法。加工苹果或者萝卜、马铃薯等材料时使用礤板会更省力一些。当需求量很多或者处理那些水分较足的材料或者是多种材料同时研磨的时候，使用榨汁机会更方便些。
捣碎	辅食初期和中期都会使用到此类方法。工具主要是木匙、饭匙、刀或者粉碎机等。大部分的材料都可以使用粉碎机来解决，包括弄碎泡开的米。较软的材料可以用木匙或者饭匙加工。豆腐放在菜板上用刀面压碎即可，量少的时候放进碗里用匙碾碎即可

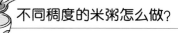 不同稠度的米粥怎么做？

　　米汤：冷水浸泡米30分钟左右。水跟米比例为10∶1，把泡完的米磨成碎末。在熬制过程中不断地用饭匙进行搅拌，煮沸后再用小火继续熬一会儿。

　　稠粥：水跟米的比例为5∶1，稍微打磨一下，煮30分钟左右即可。

　　软饭：水跟米的比例为2∶1，直接将水和米一起煮熟即可。

辅食汤料的处理制作

利用蔬菜、肉、海鲜制作调味汤，在冷冻室储藏可以保存一周，食用时非常方便。让我们看一看调味汤的制作方法吧！

鲜鱼汤...

【烹饪时间】
40分钟

原料

鲜鱼肉100克，清水500毫升。

做法

1 将去除头部和内脏的鲜鱼肉放入调料包内（利用调料包装鱼，可使烹制好的鱼汤清亮不混浊）。

2 锅内加入500毫升清水，然后再放入装有鱼肉的调料包。

3 等鱼汁溶入水中后，用大火将汤煮沸，煮沸后取出装鱼的调料包即可。

鸡肉汤...

【烹饪时间】
45分钟

原料

鸡腿两个，胡萝卜和白菜等蔬菜各适量。

做法

1 将鸡腿洗净，胡萝卜、白菜切块。

2 将清水与鸡腿肉、蔬菜一同放入锅中，再用大火煮开。

3 等汤水沸腾后改小火，滤去浮沫，再煮20～30分钟，用漏勺将鸡腿和蔬菜捞出，再把汤水过滤成清汤即可。

冬菇汤...

【烹饪时间】
10分钟

原料

冬菇3个，水3杯。

做法

1 把干冬菇放入水中轻轻洗一洗。

2 锅里放入适量的水煮开后，再调到小火放入冬菇煮5分钟。

3 捞出冬菇的汤用软棉布过滤。

牛肉汤...

【烹饪时间】
60分钟

原料

牛肉200克，清水适量。

做法

1 将牛肉切小块，冲洗干净，放入锅中加水，用大火煮开。

2 当水煮沸后，滤去浮沫，改用小火再煮45分钟左右。

3 待汤水减少约200毫升时熄火，待放凉后置于冰箱中冷藏，过一会儿取出，除去凝固在上面的一层油脂即可。

海带汤...

【烹饪时间】
15分钟

原料

海带20克，清水适量。

做法

1 海带洗净切成小片，浸泡在水中。

2 锅内加入400毫升清水，放入泡好的海带用大火煮开。

3 开锅前取出海带，等汤水变凉后，将汤水过滤成清汤即可。

海鲜汤...

原料

蛤蚌（蛤蜊或牡蛎）40克，大虾30克，鱿鱼30克，水3杯。

【烹饪时间】
20分钟

做法

1 蛤蚌用铝纸包好后放入凉水中会更容易去除淤泥。

2 大虾剥完皮，去除内脏后放入盐水中洗。

3 鱿鱼剥完皮后切成4厘米×4厘米大小，在背面用刀划痕。

4 锅里加入上述材料和适量的水煮一段时间，再用滤网过滤即可。

紫菜汤...

原料

紫菜1片，清水适量。

做法

1 紫菜撕成小片。

2 锅内加入400毫升清水，放入紫菜用大火煮开。

3 开锅前取出紫菜，等汤水变凉后，将汤水过滤成清汤即可。

蔬菜汤...

原料

甘蓝、胡萝卜、番茄各30克（其他黄绿蔬菜也可以），水适量。

做法

1 把所有蔬菜择洗干净，然后切成小块，备用。

2 锅内加水，放入切好的蔬菜，用大火烧开。煮沸后调小火，然后滤去浮沫再用小火煮30分钟左右。

3 用漏勺将煮过的蔬菜捞出后，将汤水过滤成清汤即可。

加热辅食的方法

【阶段】	【内容】	【方法】
1 第一阶段	预备一个合适的锅	锅应该比盛放辅食的容器要大一些，以便均匀加热。容器的材质应该选用不锈钢或者陶瓷的，内热温度要超过180℃才安全。因为玻璃容器容易在加热时碎裂，所以不宜选择
2 第二阶段	水线以到锅的2/3为宜	将放有辅食的容器放进锅里，然后加水，等水升到2/3锅高时停止，这样能避免水开后气泡进入容器内
3 第三阶段	不加盖子	加盖子容易让依附在盖子面上凝成的水汽流进食物里，所以不应加盖
4 第四阶段	水开后闭火放置1分钟	水开后闭火，因为此时容器较烫，所以冷却1分后再取出
5 第五阶段	成人先用嘴试下温度	把锅中取出来的辅食用匙搅匀，然后成人用嘴或者前臂内测试下温度再给宝宝喂食

☆小提示☆

把辅食放进微波炉专用容器或者耐热容器中，不加盖加热1分钟。因为微波炉很难均匀加热，所以取出后要搅拌均匀。喂之前要试下温度，地瓜加热前需要洒些水。不要用微波炉来加热那些容易变质的食物。这种食物应该用蒸锅来加热，等到冒热气后凉5分钟再食用。

轻松计量辅食的量

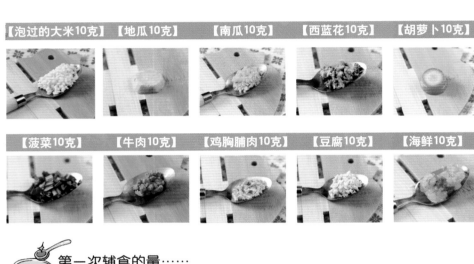

【泡过的大米10克】 【地瓜10克】 【南瓜10克】 【西蓝花10克】 【胡萝卜10克】

【菠菜10克】 【牛肉10克】 【鸡胸脯肉10克】 【豆腐10克】 【海鲜10克】

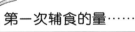 第一次辅食的量……

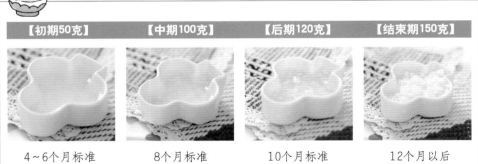

【初期50克】 【中期100克】 【后期120克】 【结束期150克】

4～6个月标准 8个月标准 10个月标准 12个月以后

☆小提示☆

　　因为每一种辅食的用量都不是很多，而且质量又各不相同。如果每次都用秤来计量10克的材料是一件很麻烦的事情，新妈妈不妨用一些方便找到的餐具来快速称量各种常用食材。下面就介绍一下这种不用秤也可以计量的方法。

辅食添加的个体差异

　　每个宝宝的饮食差异都很大，父母不要把自己的宝宝和别家的宝宝比较，只要医生检查后证明宝宝身体健康，那么是早一个月添加辅食，还是晚一个月添加辅食都是正常的。父母要根据生长曲线，让宝宝自己和自己比较，只要发育正常，每个月的体重都在增长就可以了。

　　而且每个宝宝的口味都不同，有的宝宝喜欢吃这样，有的宝宝喜欢吃那样，这些都不是问题，因为没有一种营养素能够承担宝宝所需要的全部营养，也没有哪一种食物能涵盖所有的营养。所以即使宝宝不吃哪种辅食也没有问题。

　　比如宝宝5个多月了，应该添加辅食了，但是不代表一到这一天就要马上添加辅食。也许宝宝还喜欢吃母乳，那就多吃几天也可以，过几天再添加辅食的时候也许宝宝就会乐意接受了。所以说提倡6个月以前添加辅食，父母也不要生搬硬套，还是要根据个体的情况而定。

有关米粉的问题

什么是米粉

婴儿米粉特指通过现代科学工艺，以大米为主要原料，以蔬菜、水果、肉类、蛋类等高营养食物为选择性配料，并适量加入有益婴儿健康发育的钙、磷、铁、蛋白质、维生素等各种营养元素，混合加工而成的婴儿辅助食品。

注意营养元素的全面性

选择米粉要看其所含的营养物质，主要看营养成分表的标注，看营养是否全面，含量是否合理。

注意米粉的外观

要选择颗粒精细的米粉，易于被宝宝消化吸收。同时也要知道一般质量好的米粉应该是白色，颗粒均匀，有香气，还要看米粉的组织结构和冲调性，优质米粉应为粉状和块状，无结块。

如何添加米粉

根据宝宝的发育情况，4个月之前的宝宝过早地喂食米粉，会使宝宝消化不良。一般来说，等到宝宝4个月之后，可以开始为宝宝添加米粉，由少到多，逐量添加，不可操之过急。米粉具体可以吃多长时间，这个没有限制，因人而异。等宝宝的牙齿长出来，可以吃粥和面条等其他主食时，就可以不再吃米粉了。

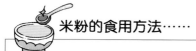 **米粉的食用方法……**

　　给宝宝添加的第一种食物应是强化铁的婴儿米粉。辅食的添加要从婴儿米粉开始，然后逐渐添加燕麦和大麦粥，也可以用母乳或配方奶混合谷物，开始添加谷物时应该是稀薄状的。

　　1.将米粉放入碗中，根据宝宝的需要，加入适量温开水冲调，按一个方向搅拌成糊状。冲调婴儿米粉的水温最合适的是70℃～80℃。

　　2.米粉就当做宝宝的一顿主食吃，也就是在宝宝正餐的时间喂米粉。第一次可以调得稀一点儿，放在奶瓶里让他吸，逐步加稠，两个星期后可过渡到用匙喂。

　　3.添加米粉要遵循少量多次、由少到多、由稀到稠的原则。根据宝宝的适应情况，酌情增减食用量。先将米粉调得稀一点儿，多给宝宝补充一些水分。

　　4.要根据宝宝的不同月龄来选择相应月龄的米粉。而且还可以根据米粉口味的不同交替喂食，保证营养均衡。

不同食物消化后的粪便

【类型】	【性状】
喂养母乳宝宝的粪便	观察那些纯母乳喂养宝宝的粪便会发现，粪便是糊状或者凝乳状，颜色呈现黄色或者略有些发绿。如果看到宝宝的粪便呈现亮绿色，伴有泡沫，有可能是宝宝吃的母乳中前奶太多，后奶较少的缘故。前奶是妈妈乳房最先分泌出来的乳汁，含脂肪量相对较低。而后奶则是妈妈乳房最后分泌出的乳汁，脂肪含量较高，营养也最充分。如果要避免这种情况出现的话，下次妈妈可换个乳房让宝宝先吃
喂养配方奶宝宝的粪便	喂养配方奶的宝宝的粪便是浆状的，色呈棕色，味道较浓，待宝宝开始吃辅食以后味道会更大
补充铁元素以后的粪便	一旦宝宝开始补充铁元素后，粪便的颜色便会变成暗绿色，甚至接近黑色，这是正常现象，不必忧虑
喂养辅食后的粪便	开始喂养辅食的宝宝，粪便在味道上会有很大的变化。粪便的味道会更大，颜色方面，仍旧食用母乳喂养的宝宝大便颜色往往是棕色或者深棕色
食物没消化完的粪便	某些食物没有被宝宝完全消化完便会在粪便中带有一些相应的食物块。如果宝宝每次进食过多，咀嚼又不是很充分，那么粪便就可能出现食物块。如果粪便一直有这些食物块出现，就应该带宝宝去医院诊治其肠胃是否无法正常消化食物和吸收营养

让宝宝爱上辅食

不吃辅食的原因

　　宝宝不吃辅食的原因很多，有可能是宝宝不饿，不懂得如何吃食物。有的是妈妈在宝宝玩儿得正高兴的时候突然抱起宝宝喂食，还有可能是因为喂的量太大了，宝宝吃不下。妈妈喂养宝宝要有耐心，不要喂得太快，而且要按照宝宝的食量喂养，也不要喂太多的食物。更不要总给宝宝吃一种食物，大人经常吃一样的东西也会倒胃口，所以饮食要有变化才能促进宝宝的食欲。

【原因】	【危害】
就餐时间紊乱	有的妈妈因为工作忙，或者按照宝宝的进食欲望安排，导致宝宝就餐时间紊乱，偏食、挑食
父母态度	宝宝在成长过程中出现挑食的现象，这与父母的态度很有关系。此时，若家长过于怂恿就会促成宝宝吃饭挑食的坏习惯
未及时添加辅食	在宝宝应该添辅食的关键时期没有添加，仍然母乳喂养或配方奶喂养，导致宝宝咀嚼能力发育缓慢，排斥需要咀嚼的食物
强制进食	父母用强制或粗暴的手段逼宝宝吃东西，会使他产生逆反心理。因为不愉快情绪不仅会降低食欲、影响消化，而且会让宝宝产生对立情绪，这种强制进食往往会增加宝宝挑食的可能性
品种单一	食物的种类、制作方法单一
吃零食	在非用餐时间让宝宝任意地吃类似巧克力、蛋糕等零食。需要注意的是要适当地给宝宝吃零食，多吃会影响宝宝的食欲

不吃辅食的解决方法

很多妈妈都遇到过宝宝不好好吃辅食的问题，那么到底该如何解决？

宝宝不想吃辅食肯定是有原因的，妈妈不要因为宝宝不好好吃饭就发脾气，要善于找到原因，解决问题。是不是因为宝宝哪里不舒服或者很累想睡觉，或者是因为宝宝不想吃这种食物，又或者是妈妈喂的食物太热，或者量太大，宝宝一下子吃不了这么多，种种原因都有可能，妈妈要有耐心一定能让宝宝爱上吃饭。

父母要以身作则

父母要做到不挑食，按时吃饭，避免不好的习惯影响宝宝。尽量给宝宝少吃零食，要选择营养价值高的零食，如坚果等。尽量把饭做得好吃一点儿，促进宝宝的食欲。

合理的饮食时间

父母的责任是将合适的饭菜在合适的时间提供给宝宝，许多宝宝在成长期中都会有一些正常的"挑食"行为，这与他们独有的个性和个人喜好密切相关，而这类问题随着年龄的增长是能够纠正的。

注意情绪和情感作用

宝宝喜欢得到别人的赞许，可以在吃饭时适当鼓励，使其有一个良好的进食环境，促进宝宝的食欲。不要操之过急，注意方法。当宝宝不喜欢吃青菜时，父母可以采用迂回战术，借助他喜欢吃的"绿色外表"的水果入手，给他讲蔬菜与水果一样好吃。

示范如何咀嚼食物

有些宝宝因为不习惯咀嚼，会用舌头将食物往外推，父母在这时要给宝宝做示范，教宝宝如何咀嚼食物并且吞下去。可以放慢速度多试几次，让宝宝有更多的学习机会。

不要喂太多或太快

按宝宝的食量喂食，速度不要太快，喂完食物后，应让宝宝休息一下，不要有剧烈的活动，也不要马上哺乳。

品尝各种新口味

换乳食物富于变化能刺激宝宝的食欲。在宝宝原本喜欢的食物中加入新鲜的食物，添加量和种类要遵循由少到多的规律，逐渐增加换乳食物种类，让宝宝养成不挑食的好习惯。当宝宝讨厌某种食物时，父母应在烹调方式上多换花样。

辅食添加初期

（4～6个月）

在添加辅食的初期，父母一定不要强迫宝宝进食，只要每天吃一餐辅食就可以了，每餐的量也只需要30～40克。除了早上和晚上，父母可以随意安排吃辅食的时间。但是添加辅食的初期奶量不要减少。

4～6个月宝宝的变化

4个月宝宝

1.扶宝宝坐起来时，他的头可以转动，也能自由地活动，不摇晃

2.可以用两只手抓住物体，还会吃自己的脚

3.能意识到陌生的环境，并表示害怕、厌烦和生气

4.哭闹时，成人的安抚声音会让他停止哭闹或转移注意力

5.能从仰卧位翻滚到俯卧位，并把双手从身下掏出来

6.让宝宝站立，宝宝的臀部能伸展，两膝略微弯曲，支持起大部分体重

7.宝宝能一手或双手抓取玩具

8.宝宝会将玩具放到嘴里，明确做出舔或咀嚼的动作

9.会注意到同龄宝宝的存在

5个月宝宝

1.已经出牙0～2颗

2.双手支撑着坐

3.物体掉落时，会低头去找

4.能发出4～5个单音

5.会玩躲猫猫的游戏

6.能熟练地以仰卧自行翻滚到俯卧

7.坐在椅子上能直起身子，不倾倒

8.成人双手扶宝宝腋下，让宝宝站立起来，能反复屈伸膝关节自动跳跃

9.宝宝能用双手抓住纸的两边，把纸撕开

10.爱照镜子，常对着镜中人出神

11.可以双手对击积木

3.能伸手够取远处的物体

4.成人拉着宝宝的手臂，宝宝能站立片刻

5.能够自己取一块积木，换手后再取另一块

6.发出"ba"、"ma"或者"ai"的音

6个月宝宝

1.宝宝平卧在床面上，不需帮助能自己把头抬起来，将脚放进嘴里

2.不需要用手支撑，可以单独坐5分钟以上

初期辅食添加的信号

换乳开始的信号

一般开始添加辅食的最佳时期为宝宝4~6个月时，但是最好的判断依据还是根据宝宝身体的信号。以下就是只有宝宝才能发出来的该添加辅食的信号。

辅食最好开始于4个月之后

宝宝出生后的前三个月基本只能消化母乳或者配方奶，并且肠道功能也未成熟，进食其他食物很容易引起过敏反应。若是喂食其他食物引起多次过敏反应，待消化器官和肠功能成熟后也会对食物排斥。所以，换乳时期最好选在消化器官和肠功能成熟到一定程度的4个月龄为宜。

辅食添加最好不晚于6个月

6个月大的宝宝已经不满足于母乳所提供的营养了，随着宝宝成长速度的加快，各种营养需求也随之增大，因此通过辅食添加其他营养成分是非常必要的。6个月的宝宝如果还不开始添加辅食，不仅可能造成宝宝营养不良，还有可能使得宝宝对母乳或者配方奶的依赖增强，以至于无法成功换乳。

过敏宝宝6个月开始吃辅食

宝宝生长的前五个月最完美的食物就是母乳，因此母乳喂养到6个月也不算太晚，尤其是有些过敏体质的宝宝，添加辅食过早可能会加重过敏症状，所以要在6个月后开始换乳。

可以添加辅食的一些表现……

等到宝宝长到4个月后，母乳所含的营养成分已经不能满足宝宝的需求了，并且这时候宝宝体内来自母体残留的铁元素也已经消耗殆尽了。同时宝宝的消化系统已经逐渐发育，可以消化除了乳制品以外的食物了。

1.首先观察一下宝宝是否能自己支撑住头，若是宝宝自己能够挺住脖子不倒而且还能加以少量转动，就可以开始添加辅食了。如果连脖子都挺不直，那显然为宝宝添加辅食还是过早。

2.背后有依靠宝宝能坐起来。

3.能够观察到宝宝对食物产生兴趣，当宝宝看到食物开始垂涎欲滴的时候，也就是开始添加辅食的最好时间。

4.如果当4～6个月龄的宝宝体重比出生时增加一倍，证明宝宝的消化系统发育良好，比如酶的发育、咀嚼与吞咽能力的发育、开始出牙等。

5.能够把自己的小手往嘴巴里放。

6.当成人把食物放到宝宝嘴里的时候，宝宝不是总用舌头将食物顶出，而是开始出现张口或者吮吸的动作，并且能够将食物向喉间送去形成吞咽动作。

7.一天的喝奶量能达到1升。

添加的原则、方法

添加初期辅食的原则

由于生长发育以及对食物的适应性和喜好都存有一定的个体差异，所以每一个宝宝添加辅食的时间、数量以及速度都会有一定的差别，妈妈应该根据自己宝宝的情况灵活掌握添加时机，循序渐进地进行。

添加辅食不等同于换乳

当母乳比较多，但是因为宝宝不爱吃辅食而用断母乳的方式来逼宝宝吃辅食这种做法是不可取的。因为母乳毕竟是这个时期的宝宝最好的食物，所以不需要着急用辅食代替母乳。对于上个月不爱吃辅食的宝宝，可能这个月还是不太爱吃，但是要有耐心等到母乳喂养的宝宝到了4个月后就会逐渐开始爱吃辅食了。因此不能由于宝宝不爱吃辅食，就采用断母乳的方法来改变，毕竟母乳是宝宝最佳的营养来源。

留意观察是否有过敏反应

待宝宝开始吃辅食之后，应该随时留意宝宝的皮肤。看看宝宝是否出现了什么不良反应。如果出现了皮肤红肿甚至伴随着湿疹出现的情况，就该暂停喂食该种辅食。

留意观察宝宝的粪便

宝宝粪便的情况妈妈也应该随时留意观察。如果宝宝粪便不正常，也要停止相应的辅食。等到宝宝的粪便变得正常，也没有其他消化不良的症状以后，再慢慢地添加这种辅食，但是要控制好量。

添加初期辅食的方法

　　妈妈到底该如何在众多的食材中选择适合宝宝的辅食呢？如果选择了不当的辅食会引起宝宝的肠胃不适甚至过敏现象。所以，在第一次添加辅食时尤其要谨慎。

辅食添加的量

　　奶与辅食量的比例为8：2，添加辅食应该从少量开始，然后逐渐增加。刚开始添加辅食时可以从米粉开始，然后逐渐过渡到果汁、菜叶、蛋黄等。食用蛋黄的时候应该先用小匙喂大约1/8大的蛋黄泥，连续喂食3天；如果宝宝没有大的异常反应，再增加到1/4个蛋黄泥。接着再喂食3～4天，如果还是一切正常就可以加量到半个蛋黄泥。需要注意的是，大约3%的宝宝对蛋黄会有过敏、起皮疹、气喘甚至腹泻等不良反应。如果宝宝有这样的反应，应暂停喂食，等到7～8个月大后再尝试。

添加辅食的时间

　　因为这个阶段宝宝所食用的辅食营养还不足以取代母乳或配方奶，所以应该在两顿奶之间添加。最好在白天喂奶之前添加米粉，上下午各一次，每一次的时间应该控制在20～25分钟。

第一口辅食

喂养4个月的宝宝，最佳的起始辅食应该是婴儿营养米粉。这种最佳的婴儿第一辅食里面含有多种营养元素，如强化了的钙、锌、铁等。其他辅食就没有它这么全面的营养了。这样一来，既能保证一开始宝宝就能摄取到较为均匀的营养素，并且也不会过早增加宝宝的肠胃负担。一旦喂完米粉以后，就要立即给宝宝喂食母乳或者配方奶，每个妈妈都应该记住，每一次喂食都该让宝宝吃饱，以免他们养成少量多餐的不良习惯。所以，等到宝宝把辅食吃完以后，就该马上给宝宝喂母乳或配方奶，直到宝宝不喝了为止。

辅食添加方法

如果宝宝吃完辅食以后不愿意再喝奶，那说明宝宝已经吃饱了。等到宝宝适应了初次喂食的米粉量之后，再逐渐地加量。

喂食一周后再添加新的食物

添加辅食的时候，一定要注意一个原则，那就是等习惯一种辅食之后再添加另一种辅食，而且每次添加新的辅食时候留意宝宝的表现，多观察几天，如果宝宝一直没有出现什么反常的情况，再接着继续喂下一种辅食。

早产儿

早产儿摄入量计算公式

最初10天内早产儿每日哺乳量（毫升）＝（宝宝出生实际天数＋10）×体重（克）÷100；10天后每日哺乳量（毫升）＝1/5－1/4体重（克）。以上为最大值，因此有的宝宝也许吃不完。

早产儿的喂养方法

1.妈妈将母乳挤出来，添加母乳强化剂，如果不能母乳喂养或母乳不足，可以喂早产儿配方奶。母乳强化剂一般都是在宝宝住院期间使用。

2.出院后可以早产儿配方奶和母乳交替喂养。

3.早产儿不能仅喂食足月儿的配方奶或住院时的早产儿配方奶，也不能纯母乳喂养。

早产儿的月龄计算方法

早产儿需要用矫正月龄来评估他的生长发育情况。了解如何计算矫正月龄，才能更准确地评估出早产儿在发育方面是否赶上了同龄的宝宝。

实际月龄

从宝宝出生日算起，计算宝宝是多少天、多少周、多少个月大。

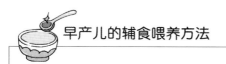

早产儿的辅食喂养方法

宝宝无健康上的大问题，一般根据常见换乳原则即可。但需要注意的是，早产儿很容易缺铁，应选含有丰富铁质的辅食。

矫正月龄

根据宝宝的预产期计算。医生评估宝宝生长发育情况时，可能会用这种月龄。如果宝宝是6个月大，但早产了两个月，那他的矫正月龄就是4个月大。

举例：如果宝宝4个月大，早产了8周，那他的矫正月龄就是4个月减去8周（即两个月），结果是大约两个月，也就是说，他的月龄相当于两个月大的足月宝宝。他6个月大时的矫正月龄应该是4个月。

初期辅食食材

【南瓜】

南瓜富含碳水化合物、胡萝卜素等营养成分，属于高热量食物，本身具有的香浓甜味还能增加食欲。初期要煮熟或者蒸熟后再食用。

【梨】

很少会引起过敏反应，所以添加辅食初期就可以开始食用。它还具有祛痰降温、帮助排便的功效，所以在宝宝便秘或者感冒时食用一举两得。

【香蕉】

含糖量高，脂肪含量低，可以在添加辅食初期食用。应挑表面有褐色斑点熟透了的香蕉，切除掉含有农药较多的尖部。初期放在米糊里煮熟后食用更安全。

【苹果】

辅食初期的最佳选项。等到宝宝适应蔬菜糊糊后就可以开始喂食。因为苹果皮下有不少营养成分，所以打皮时尽量薄一些。

【萝卜】

富含对感冒咳嗽有很好效果的消化酶。可以在宝宝5个月大的时候开始喂食。根部的辣味较为浓重，应该使用中间或者叶子部分来制作辅食。

【西蓝花】

本身富含维生素c，很适合喂食感冒的宝宝。等到5个月后开始喂食，不要使用它的茎部来制作辅食，只用菜花部分，磨碎后放置冰箱保存备用。

【甜叶菜】

富含维生素C和钙的黄绿色蔬菜。因为纤维素含量高不易消化，所以宜5个月后喂食。取其叶部，洗净后开水氽烫，然后使用粉碎机捣碎。

【鸡胸脯肉】

含脂量低，味道清淡而且易消化吸收。这个部位的肉很少引起宝宝过敏。为及时补足铁，可在宝宝6个月后开始经常食用。煮熟后捣碎食用，鸡汤还可冷冻后保存继续在下次食用。

【菜花】

能够增强抵抗力、排出肠毒素，适合容易感冒、便秘的宝宝。把它和马铃薯一起食用既美味又有营养。去掉茎部后选用新鲜的菜花部分，开水氽烫后捣碎食用。

【李子】

含超过一般水果3~6倍的纤维素，适合便秘的宝宝。因其味道较浓可在宝宝5个月大后喂食。应选用熟透的、味淡的李子。

【西瓜】

富含水分和钾，有利于排尿。既散热又解渴，是夏季制作辅食的绝佳选择。因为容易导致腹泻，所以一次不可食用太多。去皮、去籽后捣碎，然后再用麻布过滤后烫一下喂给宝宝。

【桃、杏】

　　换乳伊始不少宝宝会出现便秘，此时较为适合的水果就是桃和杏。因果面有毛易过敏，所以5个月后开始喂食。有果毛过敏症的宝宝宜在1岁后喂食。

【油菜】

　　容易消化并且美味，是常见的用于制作辅食的材料。虽然富含铁，但因其阻碍硝酸的吸收，容易导致贫血，所以6个月前禁止食用。加热时间过长会破坏维生素和铁，所以用开水烫一下后搅碎，然后用筛子筛后食用。

【白菜】

　　富含维生素C，能预防感冒。因其纤维素较多不易消化，并且容易引起贫血，故6个月后可以喂食添加辅食初期选用纤维素含量少、维生素聚集的叶子部位。去掉外层菜叶，选用里面菜心，烫后捣碎食用。

 常用食物的黏稠度……

大米：磨碎后做10倍米糊，相当于母乳浓度。

鸡胸脯肉：开水煮熟切碎，再用粉碎机捣碎食用。

苹果：去皮和籽磨碎，用筛子筛完加热。

油菜：开水烫一下磨碎或捣碎，然后用筛子筛。

胡萝卜：去皮煮热后磨碎或捣碎，然后用筛子筛。

马铃薯：带皮蒸熟后再去皮捣碎，然后用筛子筛。

初期辅食食谱

米粉...

【烹饪时间】
3分钟

原料

婴儿米粉1匙，温水适量。

做法

匙婴儿米粉加30毫升温水，调制成糊状。第一次添加米粉的时候，可以稍微稀薄一些。

配方奶米粉...

【烹饪时间】
3分钟

原料

婴儿配方奶粉、婴儿米粉各1匙，温水30毫升。

做法

将婴儿配方奶粉及婴儿米粉以1：1混合，即一匙婴儿配方奶粉加一匙米粉以30毫升的温水调匀即可。

梨汁...

【烹饪时间】
20分钟

原料

小白萝卜1个，梨两个。

做法

1 先将白萝卜切成细丝，再将梨切成薄片，备用。

2 将白萝卜丝倒入锅内加清水烧开，用小火炖10分钟后，加入梨片再煮5分钟，然后过滤取汁即可。

橘子汁...

【烹饪时间】
8分钟

原料

橘子1个，清水50毫升。

做法

1 将橘子洗净，切成两半，放入榨汁机中榨成橘汁。

2 倒入橘汁与等量的清水中加以稀释。

3 将稀释后的橘汁倒入锅内，再用小火煮一会儿即可。

苹果汁...

【烹饪时间】
30分钟

原料

苹果1/3个，清水30毫升。

做法

1 将苹果洗净，去皮，放入榨汁机中榨成苹果汁。

2 倒入与苹果汁等量的清水中加以稀释。

3 将稀释后的苹果汁放入锅内，再用小火煮一会儿即可。

西瓜汁...

【烹饪时间】
5分钟

(原料)

西瓜瓤20克，清水30毫升。

(做法)

1 将西瓜瓤放入碗内，用匙捣烂，再用纱布过滤成西瓜汁。
2 倒入与西瓜汁等量的清水加以稀释。
3 将稀释后的西瓜汁放入锅内，用小火煮一会儿即可。

草莓汁...

【烹饪时间】
3分钟

(原料)

草莓3个，清水30毫升。

(做法)

1 将草莓洗净，切碎，放入小碗中，用匙碾碎。
2 将碾碎的草莓倒入过滤漏勺，挤出汁，加清水拌匀即可。

红枣汁...

【烹饪时间】
30分钟

(原料)

新鲜红枣10个，清水30毫升。

(做法)

1 新鲜红枣洗净，放入碗里，再将碗放入蒸锅内。
2 加清水上汽后蒸15～20分钟，将碗内红枣汁倒入杯中即可。

胡萝卜汁...

【烹饪时间】
15分钟

原料

胡萝卜1根, 清水30毫升。

做法

1 将胡萝卜洗净, 切小块。

2 放入小锅内, 加30毫升水煮沸, 小火
  煮10分钟。

3 过滤后将胡萝卜汁倒入小碗即可。

黄瓜汁...

【烹饪时间】
5分钟

原料

黄瓜1/2根。

做法

1 将黄瓜去皮后用礤板擦丝。
2 用干净纱布包住黄瓜丝挤出汁即可。

油菜汁...

【烹饪时间】
5分钟

原料

油菜叶5片，清水50毫升。

做法

1 在锅里加50毫升水煮沸。
2 将洗净的油菜叶切碎后放入锅里的沸水内，煮1分钟后熄火。
3 凉温后，过滤倒入小碗中。

苹果泥...

【烹饪时间】
10分钟

原料

苹果1/2个。

做法

用小匙轻刮苹果面，刮出细泥即可。

蛋黄糊...

【烹饪时间】
10分钟

原料

鸡蛋1个，温水30毫升。

做法

1 将鸡蛋洗净，放在热水锅中煮熟，煮得时间久一些。
2 鸡蛋去壳，剥去蛋白，将蛋黄放入研磨器中压成泥状。
3 将蛋黄用温水调成糊状，待凉至微温时喂食即可。

香蕉泥...

【烹饪时间】
3分钟

原料

熟透的香蕉1根，白糖、柠檬汁各少许。

做法

1 将香蕉洗净，剥皮，去白丝。
2 把香蕉切成小块，放入榨汁机中，加入白糖，滴几滴柠檬汁，搅成均匀的香蕉泥，倒入小碗内即可。

菜花泥...

【烹饪时间】
5分钟

原料

菜花3朵，清水20毫升。

做法

1 将菜花切碎，放在锅里煮软。

2 将菜花过滤后放入小碗，用匙碾成细
泥后加清水调匀即可。

南瓜泥...

【烹饪时间】
15分钟

原料

南瓜1块，米汤两匙。

做法

1 将南瓜削皮，去籽。
2 将南瓜放在锅中蒸熟后捣碎、过滤。
3 将南瓜和米汤一起放入锅内用小火煮
　 一会儿即可。

马铃薯泥...

【烹饪时间】
30分钟

原料

马铃薯1/4个，清水30毫升。

做法

1 将马铃薯煮软后去皮。
2 用匙将马铃薯碾成细泥后加清水拌匀
　 即可。

鸡肉粥...

【烹饪时间】
20分钟

原料

稀粥20克，鸡胸脯肉10克，水200毫升。

做法

1 把水倒入锅里煮鸡胸脯肉，煮熟后拿
　 出来捣碎。
2 把稀粥、鸡胸脯肉倒入锅里用大火煮
　 开后，再调小火煮。

西蓝花角瓜粥...

【烹饪时间】
20分钟

原料

稀粥20克，西蓝花5克，角瓜5克，水200毫升。

做法

1 将角瓜放在开水里煮熟后捣碎。

2 西蓝花用开水烫一下后，去掉茎部，花的部分用搅拌机搅碎。

3 把稀粥、角瓜和适量的水倒入锅里，用大火煮开后放入西蓝花，再调小火充分煮开。

胡萝卜泥...

【烹饪时间】
10分钟

原料

苹果1/3个，胡萝卜1/4个，开水50毫升。

做法

1 将胡萝卜切碎，苹果去皮切碎。

2 将胡萝卜放入开水中煮1分钟研碎，然后放入锅内用小火煮，并加入切碎的苹果，煮烂后即可。

Part

3

辅食添加中期

（7～9个月）

    这个时期，宝宝胃蛋白酶已经开始发挥作用，使得宝宝能接受的食物种类又多了很多。但这并不表明宝宝的消化功能已经接近成人了。父母在给宝宝做辅食的时候还是要很谨慎。

7~9个月宝宝的变化

7个月宝宝

1.能将腹部贴地，匍匐着向前爬行

2.能将玩具从一只手换到另一只手

3.能够坐姿平稳地独坐10分钟以上

4.可以自行扶着站立

5.能辨别出熟悉的声音

6.能发出"ma-ma"和"ba-ba"的声音

7.会模仿成人的动作

8.已经能分辨自己的名字，当有人叫宝宝的名字时会有反应，但叫别人名字时没有反应

9.对成人的训斥和表扬表现出高兴和委屈

10.开始能用手势与人交往，如伸手要人抱，摇头表示不同意等

11.会自己拿着条状饼干有目的地咬、嚼

8个月宝宝

1.爬行时可以腹部离开地面

2.能自发地翻到俯卧的位置

3.能自己以俯卧转向坐位

4.能用拇指和示指捏起小丸

5.能够理解简单的语言，模仿简单的发音

6.语言和动作能联系起来

7.能用摇头或者推开的动作来表示不情愿

8.能自己拿奶瓶喝奶或喝水

3.扶着栏杆时能抬起一只脚，之后再放下

4.拇指、示指能协调较好，捏小丸的动作越来越熟练

5.会抓住小匙子

6.想自己吃东西

7.能区分可以做和不可以做的事

8.懂得常见人和物的名称

9.能有意识地叫"爸爸"、"妈妈"

9个月宝宝

1.能从坐姿到扶栏杆站立

2.爬行时可向前也可向后

添加中期辅食的信号

添加中期辅食在6个月后进行

　　一般说来在添加初期辅食后一两个月才开始添加中期辅食，因为此时的宝宝基本已经适应了除配方奶、母乳以外的食物。所以初期辅食开始于4个月的宝宝，一般在6个月后期或者7个月初期开始进行中期辅食添加较好。但那些易过敏或者一直母乳喂养的宝宝，还有那些一直到6个月才开始换乳的宝宝，应该进行1~2个月的初期辅食后，再在7个月后期或者8个月以后进行中期辅食喂养为好。

较为熟练咬碎小块食物时

　　当把切成3毫米大小的块状食物或者豆腐硬度的食物放进宝宝嘴里的时候，留意他们的反应。如果宝宝不吐出来，会使用舌头和上牙龈磨碎着吃，那就代表可以添加中期辅食了。如果宝宝不适应这种食物，那先继续喂更碎、更稠的食物，过几日再喂切成3毫米大小的块状食物。

长牙开始，味觉也快速发展

　　此时正是宝宝长牙的时期，同时也是味觉开始快速发育的时候，应该考虑给宝宝喂食一些能够用舌头碾碎的柔软的固体食物。食物种类可以更多，用来配合咀嚼功能和肠胃功能的发育，同时促进味觉发育。注意不要将大块的蔬菜、鱼肉喂给宝宝，应将其碾碎后喂给宝宝。

对食物非常感兴趣时

　　宝宝一旦习惯了辅食之后，就会表现出对辅食的浓厚兴趣，吃完平时的量后还会想要再吃，吃完后还会抿抿嘴，看到小匙就会下意识地流口水，这些都表明该给宝宝进行中期辅食添加了。

中期辅食添加的方法

中期辅食添加的原则

7~9个月的宝宝已经开始逐渐萌出牙齿，初步具有一些咀嚼能力，消化酶也有所增加，所以能够吃的辅食越来越多，身体每天所需要的营养素有一半来自辅食。

食物应由泥状变成稠糊状

辅食要逐渐从泥状变成稠糊状，即食物的水分减少，颗粒增粗，不需要过滤或磨碎。喂到宝宝嘴里后，需稍含一下才能吞咽下去，如蛋羹、碎豆腐等，逐渐再给宝宝添加碎青菜、肉松等，让宝宝学习怎样吞咽食物。

七八个月开始添加肉类

宝宝到了7~8个月后，可以开始添加肉类。适宜先喂容易消化吸收的鸡肉、鱼肉。随着宝宝胃肠消化能力的增强，逐渐添加猪肉、牛肉、动物肝等辅食。

让宝宝尝试各种各样的辅食

通过让宝宝尝试多种不同的辅食，可以使宝宝体会到各种食物的味道。一天之内添加的两次辅食不宜相同，最好吃混合性食物，如把青菜和鱼做在一起。

给宝宝提供能练习吞咽的食物

这一时期正是宝宝长牙的时候，可以提供一些需要用牙咬的食物，如胡萝卜去皮让宝宝整根地咬，训练宝宝咬的动作，促进长牙，而不仅是让他吃下去。

☆小提示☆

由于宝宝已经开始长牙，所以能吃很多东西。妈妈在这一阶段应该发挥的作用，是让辅食的种类在宝宝的胃肠能够接受的范围内越多越好，逐渐使辅食成为宝宝的主食。这一时期宝宝喜欢自己拿着吃，因此可以给宝宝提供一些可以握着吃的食物。

开始喂宝宝面食

面食中可能含有导致宝宝过敏的物质,通常在6个月前不予添加。但在宝宝6个月后可以开始添加,一般在这时不容易发生过敏反应。

食物要清淡

食物仍然需要保持味淡,不可加入太多的糖、盐及其他调味品,吃起来有淡淡的味道即可。

养成良好的饮食习惯

7~9个月时宝宝已能坐得较稳了,喜欢坐起来吃饭,可把宝宝放在儿童餐椅里让他自己吃辅食,这样有利于宝宝形成良好的进食习惯。

中期辅食添加的方法

每天应该喂两次辅食,辅食最好是稠糊状的食物。7~9个月主要训练宝宝能将食物放在嘴里后会动上下腭,并用舌头顶住上腭将食物吞咽下去。

进食量因人而异

每次吃的量要据宝宝的情况而定,不要总与别的宝宝相比,以免发生消化不良。

保持营养素平衡

在每天添加的辅食中,蔬菜是不可缺少的食物。可以开始少尝试吃一些生的食物,如番茄及水果等。每天添加的辅食不一定能保证当天所需的营养素,可以在一周内对营养进行平衡,使整体达到身体的营养需求量。

☆小提示☆

7~9个月食物由稀到稠和由细到粗的变化,可表现在由易于吞咽的稀糊状食物向较稠的糊状食品的转变,比如10倍粥到7倍粥;从细腻的糊状向略有颗粒的食物的转变,比如菜泥至菜末,肉泥至肉末的变化。

【添加过程】	【用量】
蛋羹	可由半个蛋羹过渡到整个蛋羹
添加肉末的稠粥	每天喂稠粥两次,每次一小碗(6~8汤匙)。一开始可以在粥里加上2~3汤匙菜泥,逐渐增至3~5汤匙,粥里可以加上少许肉末、鱼肉、肉松、豆腐末等
馒头片或饼干	开始让宝宝随意啃馒头片(1/2片)或饼干,训练咀嚼及吞咽动作,刺激牙龈以促进牙齿的发育。母乳(或其他乳品)每天喂2~3次,吃辅食之前应该先喂母乳或配方奶,母乳吸尽了再喂辅食,中间最好隔开一点儿时间,以免添加的半固体辅食影响母乳中的铁吸收

中期辅食食材

【粗米】

具有大米4倍以上的维生素B_1和维生素E的营养成分，但缺点是不易消化，故在7个月后开始少量喂食。先用水泡上2～3小时后用粉碎机磨碎。

【大麦】

不建议在辅食添加初期食用这种坚硬并且易过敏的食物。可以在6个月后喂大麦茶，但是至少在7个月后再食用大麦煮的粥。

【大枣】

大枣富含维生素C，因为新鲜的大枣容易引起腹泻，所以要在宝宝1岁后再喂食。用水泡后去核后捣碎再喂食。或泡水后煮开食用，剩余的要扔掉。

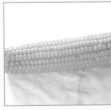

【玉米】

富含维生素E，对于易过敏的宝宝，等到1岁以后喂食则较稳妥。去皮磨碎后再行食用。使用前先用开水烫一下会更为安全。

【鳕鱼】

最常见的用于辅食制作的海鲜类，富含蛋白质和钙，极少的脂含量，味道也清淡。食用时用开水烫一下后蒸熟去刺捣碎后喂食。

【洋葱】

因其味道较浓，宜在中期后食用。熟了的洋葱带有甜味，所以可在辅食中使用。富含蛋白质和钙。使用时切碎后放水泡去其辣味。

【香瓜】

富含维生素A、维生素B$_1$、维生素B$_2$。适合在多汗的夏季食用的水分高的碱性食物。去掉不易消化的籽后去皮捣碎，一般可放粥里煮，8个月大的宝宝可生食。

【鸡蛋】

蛋黄可以在宝宝7个月后喂食，但蛋白还是在1岁后喂食为佳。易过敏的宝宝也要在1岁后再喂食蛋黄。每周喂食3个左右。为了去除蛋黄的腥味，可以和洋葱一起配餐食用。

【黄花鱼】

富含易消化吸收的蛋白质，是较好的换乳食材。若是腌制过的可在一岁后喂食。为防止营养缺失宜蒸熟后去刺捣碎食用。

【黄花鱼】

不仅含有丰富蛋白质、容易消化吸收，腥味还少。是常用的换乳食材。蒸熟或煮熟后去骨捣碎后食用。注意去骨时用卫生手套，既方便又保护自己。

【海带、莼菜】

富含促进新陈代谢的有机物。适合冬季食用的易吸收食材。因为含碘较高，故控制在一天一食。去掉表面盐分，浸泡1小时后切碎放榨汁机搅碎后使用。

【玉米】

富含蛋白质和碳水化合物，有助于提高免疫力。易过敏的宝宝还是宜在1岁后喂食。不能直接浸泡食用，应在水中浸泡半天后去皮磨碎再用于制作辅食的配餐。

【明太鱼】

含有大量的蛋白质和氨基酸，很适合成长期的宝宝食用。煮熟后去刺，然后和萝卜一起用榨汁机搅碎。鱼汤也可以用作辅食。

【刀鱼】

避免食用有调料的刀鱼，以免增加宝宝肾的负担。喂食宝宝的时候注意那些鱼刺，使用泡米水去其腥味，然后配餐。蒸熟或者煮熟后去刺捣碎食用。

【松子】

对大脑发育有益的富含脂肪和蛋白质的高热量食品。丰富的软磷脂对身体不适的宝宝很有帮助。易过敏的宝宝要在1岁以后食用。

【绿豆】

具备降温、润滑皮肤等作用，对有过敏性皮肤症状的宝宝特别有益。先用凉水浸泡一夜后去皮，或煮熟后用筛子更易去皮。若买的是去皮绿豆可直接磨碎后放粥里食用。

【哈密瓜】

富含钾、无机物、维生素。鲜嫩的果肉吃起来味道香甜可口。9个月大的宝宝就可以生吃了。挑选时应选纹理浓密鲜明的，下面部位摁下去柔软，根部干燥。

【豆腐】

辅食里常见的材料，具有高蛋白、低脂肪、味道鲜的特点。易过敏的宝宝要在满1岁后再喂食。用麻布滤水后再使用，捣碎后和蘑菇或其他蔬菜一起烹饪，也可不放油煎熟后食物用。

【黑米】

长期食用可以提高身体免疫力，也适合便秘的宝宝。因为它的营养素是来自黑色素中的水溶性物，所以使用前要用水泡。然后简单冲洗后放入榨汁机里搅碎。

【黄豆芽】

富含维生素C和无机物。但需留意其头部可能引起过敏，应去掉，可喂食9个月大的宝宝。去掉较韧的茎部后余烫，因其不易熟透，要捣碎后喂食。

【酸牛奶】

选用无糖的酸牛奶或者无脂奶粉。虽然奶粉本身没有食品添加剂，但如果宝宝过敏，也要在满周岁后再喂食。如果宝宝嫌味道淡的话，可添加西瓜或者哈密瓜等水果。

【牡蛎】

各种营养成分如锌、钙、维生素、蛋白质等含量都高，对于贫血非常有效。煮熟后肉质鲜嫩。冲洗时用盐水，然后用筛子筛后滤水放入粥内煮。

【芝麻】

食用芝麻有助于大脑发育。野芝麻有益于咳嗽或者体质弱的宝宝。宝宝可能拒绝芝麻那浓浓的味道，所以开始时可少量添加。洗净后放锅内炒熟，然后研碎放入粥内食用。

【婴儿用奶酪】

　　富含蛋白质、维生素和脂肪。尤其是钙的含量高，蛋白质也容易被消化吸收。1岁前喂食的应该是含盐低、不含人工色素的婴儿用奶酪。若是易敏儿，则要1岁后再喂食。

【葡萄干】

　　富含抗氧化成分和促进肠蠕动的果胶成分。但含糖较高，所以要适量喂食。因为它可能呛入气管，所以要切碎后喂食。用凉水泡一段时间后喂食，不仅可去除食品添加剂，还能增添口感。

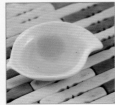

【茶籽油】

　　可以帮助宝宝提高免疫力，增强胃肠的消化功能，促进钙的吸收，生长期的宝宝很是需要。其中的维生素E和抗氧化成分还可以预防疾病。可以低温烹饪或直接调用。

 一眼分辨常用食物的黏度……

大米：有少量米粒、倾斜匙可以滴落的5倍粥。

鸡胸脯肉：去筋捣碎后放粥里煮熟。

苹果：去皮和籽后，切碎成3毫米大小的小块。

油菜：开水烫一下菜叶后，切碎成3毫米的段。

胡萝卜：去皮煮熟后，切碎成3毫米大小的小块。

海鲜：去掉壳蒸熟之后捣成碎末。

中期辅食中粥的煮法

泡米煮粥

原料：20克泡米，100毫升水（比例调控为1：5）

做法：1.把泡米用榨汁机磨碎，或者使用粉碎机加水一起磨碎。2.把磨碎的米和剩下的水放入锅内。3.先用大火边煮边用匙搅拌，等水开后用小火煮熟。

大米饭煮粥

原料：20克米饭，60毫升水（比例调控为1：3）

做法：1.将米饭捣碎后放入锅内倒水。2.先用大火煮至水开后小火再煮，煮的过程中用匙慢慢搅拌成碎米饭粒。

中期辅食食谱

鸡肉泥...

【烹饪时间】15分钟

原料

鸡肉15克，清水适量，盐少许。

做法

1 将鸡肉放入加有少许清水的锅里煮5分钟取出，剁成细末。

2 将鸡肉放入榨汁机中搅成泥状。

3 加盐和调料，可以蒸煮后直接食用，也可以放在粥里或者加蔬菜泥一起烹饪后食用。

鸭肉泥...

【烹饪时间】15分钟

原料

鸭肉15克，清水适量，盐少许。

做法

1 将鸭肉放入加有少许水的锅里煮5分钟取出，剁成细末。

2 将鸭肉放入榨汁机中搅成泥状。

3 加盐和调料之后可以直接烹饪后食用，也可以放在粥里或者加蔬菜泥一起烹饪后食用。

猪肉泥...

【烹饪时间】
20分钟

原料

猪肉30克，清水适量，盐少许。

做法

1 将猪肉放入加有少许水的锅里煮5分钟取出，剁成细末。

2 将猪肉放入榨汁机中搅成泥状。

3 加盐和调料可以直接烹饪后食用，也可以放在粥里或者加蔬菜泥一起烹饪后食用。

菠菜大米粥...

【烹饪时间】
15分钟

原料

菠菜3片，10倍粥6大匙。

做法

1 将10倍粥盛入碗中备用。

2 将新鲜菠菜叶洗净，放入开水中汆烫至熟，沥干水分备用。

3 用刀将菠菜切成小段，再放入研磨器中磨成泥状，最后加入准备好的稀粥中混匀即可。

大米牛肉粥...

【烹饪时间】
20分钟

原料

大米粥两匙，牛肉10克，洋葱5克，牛肉汤汁3/4杯。

做法

1 选择不含有油的牛肉，用冷水洗净后再用干净的布擦净，然后切成小粒。

2 洋葱削皮后洗净，切成小粒备用。

3 把牛肉放锅里炒，炒到半熟为止。

4 把大米粥、洋葱粒、牛肉汤汁一起放锅里用大火煮。当水开始沸腾后把火调小，煮到大米粥熟烂为止然后熄火。

鱼肉泥...

原料

鲜鱼50克，盐适量。

做法

1 将鲜鱼洗净、去鳞、去内脏。

2 将收拾好的鲜鱼切成小块后放入水中加少量盐一起煮。

3 将鱼去皮、刺，研碎，用汤匙挤压成泥状，还可将鱼泥加入稀粥中一起喂食。

菠菜蛋黄粥...

原料

菠菜3根，蛋黄1个，软饭1/2碗，汤汁、清水各适量。

做法

1 将新鲜菠菜洗净，用开水烫后切成小段，放入锅中，加少量清水熬煮成糊状备用。

2 把蛋黄和汤汁放在一起搅拌均匀后用滤勺过滤。

3 把搅拌好的蛋黄、汤汁和软米饭放入锅里用大火煮。

4 当水沸腾时把火调小，加入菠菜糊边搅边煮，一直到米饭煮烂为止。

面糊糊汤...

【烹饪时间】
10分钟

原料

面粉10克，冲好的配方奶50克，黄油5克，盐少许。

做法

1 将奶汁倒入锅内，用小火煮开，撒入面粉。
2 调匀，加入少许盐，再煮一下，并不停地搅拌。
3 加入黄油，凉凉后即可。

虾肉泥...

【烹饪时间】
15分钟

原料

虾肉15克，清水适量，盐少许。

做法

1 将虾肉放入加有少许水的锅里煮5分钟后取出，剁成细末。
2 将虾肉放入榨汁机中搅成泥状。
3 在虾泥中加盐和调料可以烹饪直接食用，也可以放在粥里或者加蔬菜泥一起食用。

鱼肉松粥...

【烹饪时间】
14分钟

原料

大米两小匙，鱼肉松适量。

做法

1 将大米淘洗干净，开水浸泡1小时，研磨成末，放入锅内，添水大火煮开，改小火熬至黏稠。
2 加入鱼肉松调味，用小火熬几分钟即可。

鸡汤南瓜泥...

【烹饪时间】
40分钟

原料

鸡胸脯肉20克，南瓜20克，
清水适量。

做法

1 将鸡胸脯肉剁成泥状。南瓜去皮切小
  块。锅里放入一碗清水和鸡胸脯肉一
  起煮。另起锅，将南瓜蒸熟，并用小
  匙碾成泥。
2 将鸡肉汤从一大碗熬成一小碗后，用消
  毒后的纱布将鸡肉颗粒过滤掉，再将鸡
  汤倒入南瓜泥中，煮一会儿即可。

牛肉菜花粥...

【烹饪时间】
30分钟

原料

大米两匙，牛肉10克，菜花
5克，清水3/4杯。

做法

1 将牛肉切成小粒。菜花切碎。
2 把牛肉放锅里炒，炒到肉快熟时把大
  米粥、菜花粒和清水一起放入锅里用
  大火煮。
3 当水沸腾后把火调小，煮到大米粥烂
  熟为止，然后熄火即可。

胡萝卜甜粥...

原料

大米两小匙，清水120毫升，切碎过滤的胡萝卜汁1小匙。

【烹饪时间】
18分钟

做法

1 把大米洗干净用水泡1～2小时，然后放入锅内用小火煮40～50分钟至烂熟。

2 快熟时加入事先过滤的胡萝卜汁，再煮10分钟左右即可。

鸡肉蔬菜粥...

【烹饪时间】
30分钟

原料

大米粥两小匙，鸡胸脯肉10克，菠菜10克，胡萝卜5克，鸡肉汤汁2/3杯。

做法

1 鸡胸脯肉用水煮，撇去汤里的油，保留汤汁备用，取10克鸡胸脯肉切成小粒。

2 洗净菠菜，取菜叶部分用沸水焯一下，再切碎。

3 胡萝卜削皮后洗净，切成小粒。

4 把大米粥、胡萝卜粒和鸡肉汤汁放入锅里煮。

5 水开调小火，将上述材料放入锅里边搅边煮，一直到大米粥烂熟为止。

鳕鱼冬菇粥...

【烹饪时间】
30分钟

原料

鳕鱼20克，冬菇10克，洋葱5克，牛肉汤汁2/3杯，奶粉1大匙。

做法

1 鳕鱼洗净后蒸熟，去掉鱼刺只取鱼肉部分，再切成小颗粒备用。

2 冬菇只取茎部，洗净后再用沸水焯一下，切成0.3厘米大小的粒状。

3 洋葱剥皮后洗净，切碎。把洋葱碎末、牛肉汤放入锅里用大火煮。

4 当水烧开后转小火，将鳕鱼肉、冬菇粒放入锅里边搅边煮，一直到洋葱煮熟后，再加入调好浓度的奶粉一同煮即可。

乌龙面糊...

【烹饪时间】
25分钟

原料

乌龙面10克，清水两大匙，蔬菜泥适量。

做法

1 将乌龙面倒入烧开的水中煮软捞起。
2 煮熟的乌龙面与沸水一同倒入锅内捣烂，煮开。
3 加入蔬菜泥即可。

苹果麦片粥...

【烹饪时间】
15分钟

原料

苹果1/3个，麦片20克。

做法

1 将水放入锅内烧开，放入麦片煮2～3分钟。
2 把苹果用小匙背部研碎，然后放入麦片锅内，边煮边搅即可。

地瓜泥...

【烹饪时间】
30分钟

原料

地瓜20克，苹果酱1/2小匙，凉开水少量。

做法

1 地瓜削皮后用水煮软，用小匙捣碎。
2 在地瓜泥中加入苹果酱和凉开水稀释。
3 将稀释过的地瓜泥放入锅内，再用小火煮一会儿即可。

红枣泥...

原料

红枣20克，白糖两克，清水1/2杯。

做法

1 将红枣洗净，放入锅内，加入清水煮15～20分钟，至烂熟。
2 去掉红枣皮、核，捣成红枣泥，用滤勺过滤一下。加入白糖调匀即可。

【烹饪时间】
30分钟

番茄碎面条...

原料

番茄1/4个，儿童面条10克，蔬菜汤适量。

做法

1 在儿童面条中加入两大匙蔬菜汤，放入微波炉加热1分钟。
2 番茄去籽切碎，放入微波炉加热10秒钟。
3 将加热过的番茄和蔬菜汤面条倒在一起搅拌即可。

【烹饪时间】
3分钟

苹果马铃薯汤...

原料

苹果、马铃薯各1/4个，胡萝卜5克。

做法

1 苹果去皮、去籽，马铃薯和胡萝卜去皮切碎，一起放入榨汁机搅碎。
2 将苹果、马铃薯、胡萝卜以其汁泥一同倒入锅里煮，直到变得黏稠即可。

【烹饪时间】
10分钟

胡萝卜豆腐粥...

【烹饪时间】
15分钟

原料

大米粥3匙，豆腐20克，菜花5克，胡萝卜10克，牛肉汤汁2/3杯。

做法

1 豆腐切成小块用沸水焯一下，控水后研磨成小粒。

2 胡萝卜洗净削皮后切成0.3厘米大小的粒状。

3 洗净菜花，取花朵部分用沸水焯一下捣碎。

4 把大米末、胡萝卜粒和牛肉汤汁放锅里用大火煮粥即可。

冬菇蛋黄粥...

【烹饪时间】
80分钟

原料

大米粥3匙，鸡蛋1个，冬菇10克，白菜叶5克，牛肉汤汁2/3杯。

做法

1 取冬菇的茎部，洗净后再用沸水焯一下，切成粒状。

2 白菜叶洗净后用沸水焯一下，切成碎末。

3 鸡蛋煮熟取出1/2个蛋黄，趁热用漏勺研磨。

4 把大米粥和牛肉汤汁放入锅里用大火煮。

5 当水开始沸腾后把火调小，然后把冬菇粒、白菜叶碎末和蛋黄放入锅里边搅边煮，将大米粥熟烂为止。

椰汁奶糊...

【烹饪时间】
30分钟

原料

椰汁1/2杯，牛奶1小杯，清水1小杯，栗子粉5小匙，红枣4颗。

做法

1 椰汁、栗子粉搅拌均匀，红枣去核洗净。

2 将牛奶、红枣及清水一同煮开，慢慢加入栗子粉浆，不停搅拌成糊状煮开，取其汤汁盛入碗中即可。

苹果胡萝卜汁...

原料

胡萝卜1根，苹果1/2个，清水适量。

做法

1 将胡萝卜、苹果削皮后切成丁，放入锅内加适量清水一同煮10分钟。

2 稍凉后用消毒后的纱布过滤掉渣子，再取汁即可。

【烹饪时间】
30分钟

白萝卜生梨汁...

原料

白萝卜、梨各1/2个，清水适量。

做法

1 将白萝卜切成细丝状，梨切成薄片状。

2 锅置火上，将白萝卜倒入锅内加清水烧开，再小火炖10分钟，加梨片再煮5分钟取汁即可。

【烹饪时间】
25分钟

蛋花鸡汤烂面...

【烹饪时间】
20分钟

原料

新鲜鸡蛋1个，细面条少许，鸡汤1/2杯。

做法

1 将鸡汤倒入锅里烧开，放入面条煮软。

2 将鸡蛋搅成糊。

3 将鸡蛋糊慢慢倒入煮沸的面条中，将面条煮烂即可。

双花稀粥...

【烹饪时间】
20分钟

原料

大米40克，菜花、西蓝花各15克，黑木耳10克，鸡蛋1个，清水80毫升。

做法

1 将菜花、西蓝花、黑木耳切成碎末，鸡蛋搅成糊。

2 锅置火上，将米饭和清水放入锅中，煮沸后调小火煮稠；慢慢加入蛋糊，边加边搅。再加入菜花、西蓝花、黑木耳继续煮烂即可。

栗子蔬菜粥...

【烹饪时间】
20分钟

原料

大米粥两匙，栗子10克，地瓜10克，西蓝花5克，海带汤150毫升。

做法

1 地瓜和栗子蒸熟后，去皮捣碎，西蓝花用开水烫一下后去茎部捣碎菜叶。

2 把大米粥和海带汤倒入锅里大火煮开后，放入地瓜、栗子、西蓝花再调小火充分煮开。

胡萝卜蘑菇粥...

【烹饪时间】
30分钟

原料

大米20克，高粱米5克，洋松茸10克，胡萝卜、南瓜各5克，奶粉5毫升，清水150毫升。

做法

1 高粱米洗净后浸泡半天左右，浸泡时时常换水，直到浸泡不出红水。

2 将大米和高粱米浸泡1～2小时。

3 洋松茸去茎部、去皮后捣碎，胡萝卜去皮后捣碎。

4 南瓜蒸熟后去皮捣碎。

5 把大米、高粱米、清水和奶粉倒入锅里搅拌，然后大火煮1小时后，放入南瓜、洋松茸、胡萝卜再调小火充分煮开。

豆腐脑...

原料

豆腐1/4块，水1/4杯。

做法

1 锅置火上，将清水放在锅里，将水煮沸。

2 锅里加入碾碎的豆腐即可。

【烹饪时间】
10分钟

豆腐粥...

原料

豆腐1/4块，米饭1/3碗，肉汤1/2杯。

做法

1 将豆腐切成小块。

2 锅置火上，将米饭、肉汤、豆腐块和清水一同放入锅里煮，煮至黏稠即可。

【烹饪时间】
30分钟

水果豆腐...

原料

豆腐1/4块，香蕉1段，熟草莓1个。

做法

1 将豆腐放入开水中煮沸，捞出放入盘中。

2 将香蕉、草莓切碎，将水果碎块放在豆腐上即可。

【烹饪时间】
10分钟

乳酪粥...

【烹饪时间】
5分钟

原料

大米粥1小碗，奶酪5克。

做法

1 将奶酪切成小块。

2 粥煮开，将奶酪块放入粥中，等奶酪融化后关火即可。

肝末番茄...

【烹饪时间】
25分钟

原料

猪肝50克，番茄1个，葱1/2个。

做法

1 将猪肝洗净剁碎，番茄洗净用开水略烫一下剥去皮切小块，葱切碎。

2 锅置火上，将猪肝、葱末同时放入锅内，加入清水煮沸，然后加入番茄即可。

花生粥...

【烹饪时间】
30分钟

原料

花生20粒，大米粥1碗。

做法

1 将花生炒熟后用擀面杖碾成细末。

2 锅置火上，将大米粥煮熟，将花生末放入粥中搅拌均匀即可。

南瓜红薯玉米粥...

【烹饪时间】
40分钟

原料

玉米面两匙，红薯1/2个，南瓜50克许。

做法

玉米面用冷水调匀，红薯和南瓜切成小丁。

锅置火上，将玉米面、红薯丁、南瓜丁一起倒入锅中煮烂即可。

鸡肉末儿碎菜粥...

原料

大米粥1/2碗，鸡肉末儿1/2大匙，
碎青菜1大匙，植物油少许。

做法

1 锅置火上，放入少量植物油，烧热，
将鸡肉末儿放入锅内快炒。

2 将碎青菜也放进鸡肉末儿中一起炒，
炒熟后再放入大米粥中煮开即可。

菠菜马铃薯肉末粥...

原料

菠菜两根，马铃薯1个，大米粥1/2
碗，熟肉末1/2大匙，高汤适量。

做法

1 菠菜洗净，用开水烫一下，剁碎。

2 马铃薯蒸熟后用匙压成泥。

3 锅置火上，将大米粥、熟肉末、菠菜
泥、马铃薯泥及高汤放入锅内，小火
烧开煮烂即可。

牛奶豆腐...

【烹饪时间】
15分钟

原料

豆腐1/3块，牛奶1/2杯，肉汤1大匙，碎菜末1匙。

做法

1 将豆腐放热水中煮熟后过滤。
2 锅置火上，将豆腐、牛奶和肉汤放在锅里煮，煮好后撒上碎菜末。

煮挂面...

【烹饪时间】
10分钟

原料

挂面10克，鸡胸脯肉5克，胡萝卜1/5克，菠菜1根，高汤1杯，淀粉适量。

做法

1 将鸡肉剁碎用芡粉抓好，放入用高汤煮软的胡萝卜和菠菜做的汤中煮熟。
2 加入已煮熟的切成小段的挂面，煮两分钟即可。

胡萝卜番茄汤...

【烹饪时间】
20分钟

原料

胡萝卜1/3小根，番茄1/2个，清水适量。

做法

1 胡萝卜洗净去皮，研磨成泥。

2 番茄在温水中浸泡去皮，搅拌成汁。

3 锅中放水，水沸后，放入胡萝卜泥和番茄汁，用大火煮开后，改小火至熟透即可。

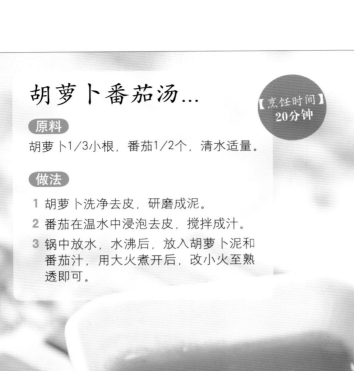

辅食添加后期

(10～12个月)

　　这个时期，父母可以用来为宝宝做辅食的食材更多了。其实父母可以在准备成人的饭菜前，先把做辅食的材料用小碗盛出。再在剩余的食材中加入更多的调味料就可以了。

10～12个月宝宝的变化

10个月宝宝

1.能独站10秒钟左右

2.成人拉着宝宝双手他可走上几步

3.穿脱衣服能配合成人

4.能用手指着自己想要的东西

5.喜欢拍手

6.可以打开盖子

7.宝宝会用手指着他想要的东西说"拿"

11个月宝宝

1.体型逐渐转向幼儿模样

2.牵着宝宝的手他就可以走几步

3.可以自己把握平衡站立一会儿

4.可以自己拿着画笔

5.能用整只手掌握笔在白纸上画出道道

6.向宝宝要东西他可以松手

12个月宝宝

1.宝宝能独自走，并且走得很好

2.能站着朝成人扔球

3.能自己从瓶中取出小丸

4.能用笔在纸上乱画

5.把图画书或者卡片给宝宝，宝宝能按要求用手指对一张图画

6.会自己用匙吃饭

7.能区分自己和异性的身体

添加后期辅食的信号

加快添加辅食的进度

宝宝的活动量会在10个月后大大增加，但是食量却未随之增长。所以宝宝活动的能量已经不能光靠母乳或者配方奶来补充了，这个时候应该添加一定块状的后期辅食来补充宝宝必需的能量了。

对于成人食物有了浓厚的兴趣

很多宝宝在10个月后开始对成人的食物产生了浓厚的兴趣，这也是他们自己独立用小匙吃饭或者用手抓东西吃的欲望开始表现明显的时候了。一旦看到宝宝开始展露这种情况，父母更应该使用更多的材料和更多的方法来给宝宝喂食更多的食物。在辅食添加后期，可以尝试喂食宝宝过去因过敏而未食用的食物了。

正式开始抓匙的练习

表现出开始独立欲望，自己愿意使用小匙。也对成人所用的筷子感兴趣，想要学使筷子。即使宝宝使用不熟练，也该多给他们拿小匙练习吃饭的机会。宝宝初期使用的小匙应该选用像冰激凌匙一样手把处平平的匙。

出现异常排便应暂停辅食

宝宝的舌头在10个月后开始活动自如，能用舌头和上腭捣碎食物后吞食，虽然还不能像成人那样熟练地咀嚼食物，但已可以吃稀饭之类的食物。但即便如此，突然开始吃块状的食物的话，还是可能会出现消化不良的情况。如果宝宝的粪便里出现未消化的食物块时，应该放缓添加辅食进度。再恢复喂食细碎的食物，等到粪便不再异常后再恢复原有进度。

后期辅食添加的方法

后期辅食添加的原则

1岁大的宝宝在喂食辅食方面已经省心许多了，不像过去那样脆弱，很多食物都可以喂了，但是妈妈也不可大意，须随时留意宝宝的状态。

这时间段仍需喂乳品

宝宝在这个时期不仅活动量大，新陈代谢也旺盛，所以必须保证充足的能量。喝一点儿母乳或者配方奶就能补充大量能量，也能补充大脑发育必需的脂肪，所以这个时期母乳和配方奶也是必需的。配方奶可喂到1岁，母乳的时间可以更长。建议母乳喂养可到两周岁。即使宝宝吃辅食也不能忽视喂母乳，一天应喂母乳或者配方奶3～4次，共600～700毫升。

每天3次的辅食应成为主食

若是中期已经有了按时吃饭的习惯，那现在则是正式进入一日三餐按时吃饭的时期。此时开始要把辅食当成主食。逐渐提高辅食的量以便得到更多的营养，一次至少补充两种以上的营养群。不能保障每天吃足5大食品群的话，也要保证2～4天均匀吃全各种食品。

后期辅食添加的方法

　　要养成宝宝一日三餐的模式，每天需要进食6次左右：早晚各两次奶，辅食添加4次。不仅要喂食宝宝糊状的食物，也要及时喂固体食物，以便能及时锻炼宝宝的咀嚼能力，从而更好地向成人食物过渡。

先从喂食较黏稠的粥开始

　　宝宝一天2～3次的辅食已经完全适应，排便也看不出来明显异常，足以证明宝宝做好了过渡到后期辅食的准备。从9个月开始喂食较稠的粥，如果宝宝不抗拒，改用完整大米熬制的粥。蔬菜也可以切得比以前大些，切成5毫米大小，如果宝宝吃这些食物也没有异常，证明可以开始喂食后期辅食了。

食材切碎后再使用

　　这个阶段是开始练习咀嚼的正式时期。不用磨碎大米，应直接食用。其他辅食的各种材料也不用再捣碎或者碾碎，一般做成3～5毫米大小的块即可，但一定要煮熟，这样宝宝才能容易用牙床咀嚼并且消化那些纤维素较多的蔬菜。使用那些柔嫩的部分给宝宝做辅食，这样既不会引起宝宝的抵抗，也不会引起腹泻。

使用专用餐椅

　　宝宝除了使用专用的儿童餐具以外，还要在固定的位置进餐。

后期辅食食材

【面粉】

10个月的宝宝可以喂食用面粉做的疙瘩汤。过敏体质的宝宝应该在1岁后开始喂食。做成面条剪成3厘米大小放在海带汤里，宝宝很容易就会喜欢上它。

【番茄】

番茄富含番茄红素，含有的维生素C和钙也很多。但不要一次食用过多，以免便秘。去皮后捣碎然后用筛子滤去纤维素，然后冷冻。食用时可取出和粥一起食用或者当零食吃。

【虾】

富含蛋白质和钙，但尤其容易引起过敏，所以越晚喂食越好。过敏体质的宝宝则至少1岁以后喂食。去掉背部的腥线后洗净，煮熟捣碎喂食。

【葡萄】

富含维生素B_1和维生素B_2，还有铁，有利于宝宝的成长发育。3岁以前不能直接喂食宝宝葡萄粒，应捣碎以后再用小匙一口口喂。

【鹌鹑蛋黄】

含有3倍于鸡蛋黄的维生素B_2，宝宝10个月开始喂蛋黄，1岁以后再喂蛋白。若是过敏儿，则需等到1岁后再喂蛋黄。煮熟后则较为容易分开蛋白和蛋黄。

【猪肉】

应在1岁后开始喂食油脂含量高的猪肉。它富含蛋白质、维生素B₁和矿物质。肉质鲜嫩，容易消化吸收。制作辅食时先选用里脊，后期再用腿部肉。

【鸡肉】

有益于肌肉和大脑细胞的生长。可给1岁以后的宝宝喂食鸡的任意部位。但油脂较多的鸡翅尽量推迟几岁后吃。去皮、脂肪、筋后切碎，加水煮熟后喂食。

【面包】

用于制作原料里的鸡蛋、面粉、牛奶等都容易导致过敏，所以1岁前最好不要喂食。过敏体质的宝宝更要征求医生意见后再食用。去掉边缘后烤熟再喂。不烤直接喂食容易使面包黏到上腭。

一眼分辨常用食物的黏度……

大米：不用磨碎大米，直接煮3倍粥，也可以用米饭来煮。

鸡胸脯肉：将鸡胸肉去掉筋煮熟后捣碎。

苹果：去皮切成5毫米大小的块。

油菜：用开水烫一下后，菜叶切成5毫米的碎片。

胡萝卜：去皮切成5毫米大小的块。

海鲜：去皮蒸熟，然后去骨撕成5毫米大小。

后期辅食中粥的煮法

泡米煮粥

原料：30克泡米，90毫升水。

做法：1.把水和泡米放入锅中用大火烧开。2.水开后再换用小火熬。3.一边用木匙搅拌一边小火熬至粥熟。

大米饭煮粥

原料：20克熟米饭，50毫升水。

做法：1.把水和米饭放进小锅。2.开始用大火煮，水开后再用小火熬熟。

后期辅食食谱

马铃薯萝卜粥...

原料

大米粥1碗，马铃薯10克，胡萝卜5克，海带汤100毫升。

做法

1 马铃薯和胡萝卜去皮后切成小块。
2 把大米粥、马铃薯、胡萝卜和海带汤倒入锅里大火煮开，调小火煮。

【烹饪时间】
15分钟

地瓜冬菇粥...

原料

大米粥1碗，地瓜20克，角瓜10克，冬菇5克，清水100毫升。

做法

1 冬菇用开水烫一下后捣碎。
2 去皮的地瓜和角瓜切成小块。
3 再把大米粥、冬菇、地瓜、角瓜和清水倒入锅里大火煮开，再调小火煮。

【烹饪时间】
20分钟

牛肉豆腐饼...

【烹饪时间】
45分钟

原料

牛肉20克，豆腐20克，洋葱10克，菠菜10克，蛋黄1个，面粉1大匙，清水1大匙，少许橄榄油。

做法

1 准备不含有油的牛肉，用冷水洗净后再用干净的布擦干水，然后切成小粒。

2 豆腐用凉水浸泡20分钟，按适当的大小切成块，在沸水里焯一下，再用漏勺捞出来，沥干水分后捣碎。

3 洋葱洗净后剥皮，切成碎末。

4 菠菜洗净，只取嫩叶部位，在沸水里焯一下，捞出来沥干水分后捣碎。

5 把加工好的牛肉、豆腐、洋葱、菠菜、蛋黄、面粉和清水放在一起搅拌均匀。

6 用干净的布蘸橄榄油在锅里抹一遍，等油热时把搅拌好的材料一小匙一小匙地放到锅里烙成饼。

三文鱼饭...

【烹饪时间】
20分钟

原料

大米软饭1/2碗，三文鱼30克，南瓜10克，洋葱5克，莴苣5克，汤汁1/2杯。

做法

1 洗净的三文鱼蒸熟后剥皮，把肉切成0.5厘米大小的肉丁。

2 南瓜洗净后削皮，去掉南瓜籽，切成小块再研磨。

3 洋葱洗净后剥皮，切成0.5厘米大小的块。

4 莴苣只取有叶子的部分，洗净后放入沸水中焯一下，捞出来沥干水分后切成0.3厘米大小的碎末。

5 将大米软饭、三文鱼、洋葱、南瓜和莴苣放在锅里一起搅拌，再把汤汁放到锅里一起煮。

6 当水开始沸腾时把火调小，边搅边煮一直到黏稠熟为止。

蛋包饭...

【烹饪时间】
30分钟

原料

大米饭1/2碗，牛肉20克，黑木耳10克，胡萝卜1/5根，蛋黄1个，洋葱汁1小匙，香油1滴，海带汤适量，少许盐。

做法

1 牛肉切成0.5厘米大小的粒，再放些洋葱汁、香油和盐，搅拌均匀后放在锅里炒。

2 黑木耳洗净后剥掉皮切成细丝，再用水清洗后研磨。

3 胡萝卜削皮后洗净，再研磨成碎末。

4 先在锅里放一滴香油，放黑木耳和胡萝卜炒一会儿，再把牛肉放到锅里一起炒。

5 熟到一定程度时把蒸好的饭和海带汤放入锅里煮，一直到饭熟烂为止。

6 蛋黄搅拌好后做成鸡蛋饼，再把炒好的饭包起来。

鸡肉丸子汤...

【烹饪时间】
40分钟

原料

鸡胸脯肉30克，菜花10克，洋葱10克，胡萝卜5克，香油1滴，少许淀粉，鸡汤汁100毫升。

做法

1 鸡胸脯肉洗净后用水煮熟，然后捞出来切成小块，鸡汤撇去油盛到别的碗里。

2 菜花洗净，取花朵部分用沸水焯一下，切成小块。

3 洋葱和胡萝卜洗净，再切成小块。

4 淀粉1大匙和水1大匙混在一起后做成水淀粉。

5 把鸡胸脯肉、洋葱、菜花、胡萝卜、少许香油和水淀粉搅拌好，捏成直径为两厘米大小的丸子。

6 把做好的丸子和鸡汤放入锅里煮熟即可。

133

小米豌豆粥...

【烹饪时间】
30分钟

原料

大米30克，小米10克，豌豆10克，栗子10克，萝卜5克，水100毫升。

做法

1 小米用水浸泡30~60分钟，豌豆煮熟后去皮捣碎。

2 栗子和萝卜去皮后切成5毫米大小。

3 把大米、小米、豌豆、栗子和萝卜，加上清水倒入锅里用小火充分煮开。

玉米南瓜粥...

原料

大米粥1／2碗，南瓜15克，玉米10克，清水100毫升。

做法

1 玉米用开水烫一下后捣碎。

2 南瓜去皮、去籽切成5毫米大小。

3 把大米粥、玉米、南瓜和清水倒入锅里大火煮开，再调小火煮。

【烹饪时间】
40分钟

卷心菜西蓝花汤...

原料

卷心菜10克，西蓝花10克，洋葱5克，麦粉1大匙，少量橄榄油，水50毫升。

做法

1 捣碎去心部后的卷心菜和去皮的洋葱，西蓝花只捣碎菜叶部分。

2 煎锅里放入橄榄油，然后炒洋葱和西蓝花。

3 麦粉加在水中搅匀后倒在煎锅中，充分搅拌后用大火煮一段时间，然后调小火用小匙边搅拌边煮。

【烹饪时间】
20分钟

蛋黄米粉糊...

【烹饪时间】
10分钟

原料

鸡蛋1个，肉汤5匙，米粉1匙。

做法

1 将鸡蛋煮熟，取蛋黄，捣碎。

2 锅置火上，将蛋黄、米粉和肉汤放入
小锅用小火边煮边搅，待呈稀糊状时
倒入碗里冷却即可。

双色泥...

【烹饪时间】
10分钟

原料

香蕉1/2根，番茄1/3个。

做法

1 用小匙将香蕉碾成泥状。

2 将番茄用开水烫一下，剥去皮，碾碎。

3 将两种果泥混合搅匀即可。

蔬菜面线...

【烹饪时间】
30分钟

原料

白菜嫩叶1/2片，菠菜叶1片，胡萝
卜1厘米厚圆切片1片，面线50克，
酱油少许，清水适量。

做法

1 将面线折成适当长度，胡萝卜切成细
长条状，并将白菜及菠菜剁碎。

2 将水加热至沸腾后，放进面线及胡萝
卜煮至熟软。

3 再加进白菜及菠菜，待菜叶煮至熟软
后加入少许酱油调味即可。

马铃薯沙拉...

【烹饪时间】
15分钟

原料

马铃薯1/2个，胡萝卜1/5个，蛋黄
1/2个，黄瓜1/4个，盐少许。

做法

1 马铃薯和胡萝卜去皮切成适当大小后
  煮熟，然后沥水捣碎。捣碎熟鸡蛋。

2 用盐搓净黄瓜表面的刺后带皮切成
  丝。撒上盐腌渍再用水洗净捣碎。

3 将上述材料放在一起搅拌均匀即可。

法国吐司...

【烹饪时间】
5分钟

原料

面包1/4片，鸡蛋1/2个，牛奶3大
匙，白糖1小匙，黄油1/3小匙。

做法

1 用小匙将面包碾成泥状。

2 面包切成3等份。在碗里加入蛋黄、
  牛奶、白糖拌匀，浸泡面包。

3 煎熟后盛在碗里即可。

奶酪炒鸡蛋...

【烹饪时间】
10分钟

原料

婴儿奶酪1/4片，黄油1小匙，蛋黄1
个，牛奶50毫升，橄榄油少许。

做法

1 捣碎婴儿用奶酪。黄油蒸化后和奶
  酪、蛋黄、牛奶液一起充分搅拌。

2 煎锅里放橄榄油炒，并放入上述食
  材，用木匙边搅边炒，炒熟后关火取
  出即可。

芋头粥...

【烹饪时间】
30分钟

原料

芋头20克，大米粥1碗。

做法

1 将芋头洗净去皮，大火炖。

2 用匙子的背部把芋头碾碎。

3 将碾碎的芋头与大米粥一同混合入锅内，用小火煮一会儿，边搅边煮即可。

白菜丸子汤...

原料

牛肉50克，洋葱10克，白菜10克，胡萝卜5克，牛肉汤200毫升。

做法

1 牛肉和洋葱捣碎后充分搅拌，然后做成直径1厘米大小的丸子。

2 白菜切成5毫米大小，胡萝卜切成圆形薄片状。

3 把适量的牛肉汤倒入锅里煮开，再放入丸子继续煮。

4 等丸子煮熟后放入切好的白菜和胡萝卜充分煮开。

【烹饪时间】
30分钟

营养鸡汤...

原料

大米粥30克，鸡胸脯肉15克，红枣10克，栗子10克，鸡汤100毫升。

做法

1 鸡胸脯肉、红枣和鸡汤煮熟后，捞出鸡胸脯肉和红枣捣碎，另存鸡汤。

2 栗子去皮后捣碎。

3 把大米粥、鸡胸脯肉、红枣、鸡汤、栗子倒入锅里小火充分煮开。

【烹饪时间】
20分钟

酱汁面条...

【烹饪时间】
15分钟

原料

细面条50克，清水适量，葱末、
植物油、酱油各少许。

做法

1 锅置火上，将植物油放入锅里烧热，
放入葱末炒香，马上加几滴酱油后加
水煮开。

2 水开后放入细面条煮软即可。

担担面...

原料

龙须面30克，清水适量，葱末少
许，熟肉末1匙，肉汤3匙。

做法

1 锅置火上，将植物油放入锅里烧热，
放入葱末炒香，加熟肉末拌匀。

2 锅里加清水煮开后放入龙须面，待龙
须面煮烂后捞起放入碗里。

3 将肉汤加热，再将面条放入汤中，撒
上肉末即可。

【烹饪时间】
20分钟

什锦烩饭...

原料

牛肉末3匙，胡萝卜1/5根，马铃薯1/3
个，豌豆4粒，牛肉汤1碗，大米两匙，
鸡蛋1个。

做法

1 将胡萝卜、马铃薯削皮，切碎。

2 将鸡蛋煮熟，取蛋黄，备用。

3 将大米、牛肉末、胡萝卜、马铃薯、牛
肉汤、豌豆粒一同放入焖饭锅焖熟。

4 将煮熟的蛋黄加入到饭中搅拌即可。

【烹饪时间】
30分钟

肉馅儿蛋饼...

【烹饪时间】
40分钟

原料

肉末1匙，葱末1匙，鸡蛋1个，植物油少许。

做法

1 将肉末、葱末搅成肉馅儿再放到锅里炒熟，盛出备用。

2 将鸡蛋搅打成糊。

3 锅内加植物油加热，倒入鸡蛋糊，摊成蛋饼，放在盘中。

4 把肉馅儿放入蛋饼上，将蛋饼两边盖在馅儿上即可。

虾皮碎菜包子...

【烹饪时间】
40分钟

原料

虾皮5克，小白菜两根，鸡蛋两个，自发面粉少许。

做法

1 将虾皮用温水洗净，泡软后切碎。

2 将鸡蛋炒熟、打散。

3 小白菜洗净后用热水烫一下，切碎。

4 将虾皮、鸡蛋、小白菜一同调成馅儿料。

5 自发面粉和好，略省，包成小包子，上笼屉蒸熟即可。

玲珑馒头...

【烹饪时间】
50分钟

原料

面粉两匙，发酵粉少许，牛奶50毫升。

做法

1 将面粉、发酵粉和牛奶和在一起揉成面团，放入冰箱15分钟后取出。

2 将面团切成若干份，每份均揉成小馒头。将小馒头放入上汽的笼屉蒸15分钟即可。

虾皮肉末青菜粥...

原料

虾皮5克，瘦肉末两匙，油菜20克，葱花、植物油各少许，清水适量，大米1匙。

做法

1 将虾皮、瘦肉、油菜分别洗净，切碎。

2 锅置火上，锅内放适量植物油，放瘦肉末煸炒，再放虾皮、葱花炒匀，添入适量清水烧开，然后放入大米煮烂，再放油菜末略煮片刻即可。

【烹饪时间】
20分钟

鲜肉馄饨

原料

猪肉末1匙，盐、葱末各少许，馄饨皮3个，肉汤两匙，紫菜适量。

做法

1 将瘦肉末、盐、葱末拌成肉馅儿。

2 把肉馅儿包在馄饨皮里。

3 将馄饨放入肉汤里煮熟，再撒上紫菜即可。

【烹饪时间】
30分钟

迷你饺子...

原料

猪肉末1匙，冬菇1个，盐、葱末各少许，小饺子皮10个。

做法

1 将冬菇切碎。
2 将冬菇、肉馅儿、盐和葱末一同调成饺子馅儿。
3 用饺子皮将肉馅包起来。
4 锅里煮开水后下饺子，煮熟即可。

【烹饪时间】
40分钟

鸡丝面片...

原料

鸡肉末4匙，清水适量，面片两片，油菜心20克，姜1片。

做法

1 将鸡肉片和姜一同加清水煮烂，捞出后用手将鸡肉片撕成细丝，放回鸡汤锅里继续煮。
2 将面片放入鸡汤锅里一同煮。
3 将油菜心洗净，切碎也放入鸡汤锅煮熟即可。

【烹饪时间】
30分钟

蒸白菜...

原料

猪肉末1匙，圆白菜叶1片，盐、葱末各少许，植物油适量。

做法

1 将圆白菜洗净，放在盘上。
2 锅置火上，把植物油倒入锅里加热，倒入葱末炒香。
3 将猪肉末下入锅里加盐炒熟，再把猪肉末倒在圆白菜上，放蒸锅里蒸，上汽后蒸3～5分钟即可。

【烹饪时间】
15分钟

香香骨汤面...

【烹饪时间】
40分钟

原料

牛骨200克，龙须面30克，油菜20克，盐、米醋各少许，清水适量。

做法

1 将牛骨砸碎，放入锅中。锅里加清水用中火熬煮，煮沸后加几滴米醋，继续煮30分钟。只留取锅中的骨头汤，备用。

2 将油菜洗净、切碎。

3 将龙须面放入骨头汤中，将洗净、切碎的油菜放入汤中煮至面熟，加少许盐调味即可。

八宝粥...

【烹饪时间】
40分钟

原料

大米20克，葡萄干、花生米，红枣、绿豆各5克，水适量。

做法

1 将已泡好的大米入锅蒸熟，备用。将葡萄干、花生米捣碎。

2 将泡好的绿豆蒸熟。

3 将已准备好的葡萄干、花生米、红枣和水一起放入锅里煮，当水开始沸腾后把火调小，再把蒸过的大米饭和蒸熟的绿豆放入锅里边搅边煮。

鱼肉丸子汤...

【烹饪时间】
35分钟

原料

草鱼肉50克，鸡蛋1个，葱姜末、盐、酱油、香油、香菜、清水各适量。

做法

1 将草鱼肉剁成鱼泥放在碗里，备用。

2 将鸡蛋打散，加到鱼泥里面，再加入少许盐、淀粉团成丸子。

3 锅置火上，加入清水，在水没开时下鱼丸，煮约30分钟。

4 另起锅，用葱姜末爆香，加入鱼丸、酱油、清水、香油、香菜即可。

鸡蛋面片汤...

【烹饪时间】
30分钟

原料

面粉100克，鸡蛋1个，菠菜20克，酱油少许，清水适量。

做法

1 将鸡蛋打散。将面粉放入盆内，加入蛋液，团成面团，擀成薄片，再切成小片备用。

2 菠菜洗净，切成末。

3 锅置火上，倒入适量清水烧开，然后把面片下锅，煮好后，加入菠菜末、酱油即可。

鸡蛋番茄羹...

【烹饪时间】
40分钟

原料

鸡蛋1个，番茄1个，白糖、植物油各少许，清水适量。

做法

1. 将鸡蛋打散，备用。将番茄煮一下剥去皮，切成小块。
2. 锅置火上，加少许植物油烧热，锅里放入番茄炒至七八成熟，再加清水、白糖煮10分钟。
3. 倒入鸡蛋液快速搅拌即可。

三色肝汤...

【烹饪时间】
40分钟

原料

猪肝25克，胡萝卜、番茄、油菜叶各10克，盐、肉汤各适量。

做法

1. 把猪肝去筋膜后绞为泥状，油菜切成细末。胡萝卜去心、切碎，番茄略烫，捞出去皮，切碎。
2. 将以上各味一起放入肉汤中煮沸，加少量的盐搅匀后即可。

鸡汤面条...

【烹饪时间】
20分钟

原料

熟鸡肉100克，鸡汤100毫升，细切面50克，盐少许。

做法

1 将熟鸡肉切成小碎块。

2 锅置火上，将鸡肉块放入鸡汤中用中火煮8分钟。

3 另起锅，将面条放入清水中煮熟，再加鸡汤调味，小火煮两分钟。面条盛到碗里再撒上鸡肉碎块即可。

冬瓜虾米汤...

【烹饪时间】
15分钟

原料

冬瓜100克，虾米5克，盐、葱末少许，清水适量。

做法

1 冬瓜洗净，去皮，切薄片。虾米用水泡软。

2 锅置火上，下入冬瓜片翻炒两分钟后，加入清水烧开。加入虾皮再次烧开后加入盐、葱末即可。

蔬菜汇粥...

【烹饪时间】
15分钟

原料

大米粥1/2碗，西蓝花15克，马铃薯10克，萝卜10克，芝麻两克，少量香油，清水100毫升。

做法

1 西蓝花用开水烫一下捣碎菜叶部分。将马铃薯和萝卜去皮切成5毫米大小。

2 把大米粥、西蓝花、马铃薯、萝卜和清水倒入锅里大火煮开，再调小火煮。最后放芝麻和香油再煮一小会儿即可。

芋头稠粥...

【烹饪时间】
40分钟

原料

芋头1/2个，肉汤1大匙，酱油少许，大米饭1/2碗。

做法

1 将芋头去皮，切成小块，用盐腌一下再洗净。

2 锅置火上，将芋头炖烂，用匙子碾碎。

3 将芋头、肉汤和米饭一同放到锅里煮，边煮边搅拌，煮至黏稠后加酱油调味即可。

煎蛋...

【烹饪时间】
30分钟

原料

鸡蛋1个，植物油、盐各少许。

做法

1 锅置火上，将植物油烧热。

2 将鸡蛋打入锅中，摇锅防止粘锅。

3 转小火，用小火将鸡蛋翻面，撒盐即可。

猪肝萝卜泥...

【烹饪时间】
30分钟

原料

猪肝50克，豆腐1/2块，胡萝卜1/4根，清水适量。

做法

1 锅置火上，加清水烧热，加入猪肝煮熟，捞出之后用匙刮碎。

2 胡萝卜蒸熟后压成泥。

3 将胡萝卜和猪肝合在一起，放在锅里再蒸一会儿即可。

三鲜饺子...

【烹饪时间】
30分钟

原料

饺子皮10张，鸡胸脯肉30克，虾肉20克，韭黄20克，酱油、盐、香油、鲜汤各少许，清水适量。

做法

1 将鸡胸脯肉、虾肉剁成泥，韭黄切碎，加入酱油、盐、香油和少许鲜汤搅匀成馅儿，备用。

2 一手托皮，一手抹馅儿，捏成饺子。

3 锅内加水烧开，放饺子煮熟即可。

红薯粥...

【烹饪时间】
30分钟

原料

红薯1/2个，大米粥1/2碗，清水适量。

做法

1 将红薯蒸熟。
2 将红薯、大米加适量清水一起煮成粥即可。

炖排骨...

【烹饪时间】
40分钟

原料

排骨两块，清水适量，姜、葱、大料各适量，醋少许。

做法

1 将排骨洗净切成小块。
2 加清水、姜、葱、大料、少量的醋，用高压锅煮30～40分钟即可。

肉末茄泥...

【烹饪时间】
40分钟

原料

茄子1/3个，瘦肉末1匙，水淀粉少许，蒜1/4瓣，盐少许。

做法

1 将蒜瓣剁碎，加入瘦肉末中，用水淀粉和盐搅拌均匀，腌20分钟。
2 茄子横切1/3，取带皮部分较多的那半，茄肉部分朝上放碗内。
3 将腌好的瘦肉末放在茄肉上，上锅蒸烂即可。

海带豆腐汤...

【烹饪时间】
20分钟

原料

南豆腐1/2块，海带100克，番茄1/2个，葱、盐、香油各少许。

做法

1 将南豆腐、海带切成细丝。

2 将番茄煮一下后去皮和籽，再切成丝。

3 锅置火上，锅内放适量清水，放入豆腐、海带、番茄和葱花。

4 将所有原料一同煮5分钟，再放入盐，淋点香油即可。

鸡蛋牛肉羹...

【烹饪时间】
50分钟

原料

牛肉50克，鸡蛋1个，豌豆5粒，葱、植物油、酱油、白糖、盐、水淀粉、香油各少许。

做法

1 鸡蛋调成鸡蛋液。

2 牛肉洗净剁烂，加入香油拌匀。

3 豌豆粒先入水煮熟，葱切成末，备用。

4 锅置火上，将植物油烧热，用葱粒爆香，加入牛肉翻炒，再倒入半碗水，加入酱油、盐、白糖、水淀粉，加入豌豆粒、鸡蛋液，搅拌均匀即可。

Part 5

辅食添加结束期
(13～15个月)

　　这个阶段，要为宝宝进入幼儿期饮食打下扎实基础，所以做好铺垫是关键。要让宝宝一日三餐定时、定量、定点，好的习惯会影响宝宝一生的用餐习惯和餐桌礼仪。但在烹调方面还是要注意口味比成人的口味稍淡一些。

13～15个月宝宝的变化

13个月宝宝

1.遇到不喜欢做的事的时候会摇头

2.能够清楚自己的五官在哪儿

3.听到音乐会跟着扭动跳舞

4.晚上排尿的次数少了

5.能够把东西从小盒子里面取出来，然后还能够放回去

6.可以自己爬上一些矮的物体

7.能够自己蹲下，然后转为坐着

14个月宝宝

1.走起路来还不太稳，时而会摔跤

2.能够模仿一些动物的叫声

3.能够听懂更多的话了，认识的东西也更多了

4.有时生气了会打人

5.能够看成人的脸色了，对他严肃的时候他会害怕

6.会自己坐在自己的小腿上

7.当遇到成人说的话听不懂时，他会摇头

8.开始喜欢吃自己的小脚了

15个月宝宝

1.走起路来稳多了

2.能够自己从矮的床上爬到地上

3.宝宝对身体各个器官的位置更加了解了

4.开始学会飞吻了

5.能够自己拿小匙吃饭了，但会弄得到处都是

6.会自己拿着玩具电话打电话了

7.能够看懂一些儿童书了，还会模仿书中的故事做动作

添加结束期辅食的信号

臼齿开始生长

　　臼齿一般在宝宝1岁后开始生长，已经可以咀嚼吞咽一般的食物了。类似熟胡萝卜硬度的食物，就完全能够消化了，稀饭也可以喂食了。随着消化器官的逐渐成熟，各种过敏性反应也开始消失。不能吃的食物越来越少，能够品尝各式各样的食物了。这时期接触到的食物会影响到宝宝一生的饮食习惯，所以应该让宝宝尝试各类不同味道的食物。

独立吃饭的欲望增长

　　自我意识逐渐在这个时期的宝宝身上显现，自立和独立的心理也开始增强。要求自己独立吃饭的欲望也开始增强。肌肉的进一步发育使得宝宝自己用小匙放入嘴中的动作变得越来越轻松，开始对小匙有了依恋。若是抢走宝宝手中的小匙，宝宝会哭闹。这一段时期的经历会影响到宝宝的一生，所以即使宝宝吃饭会很邋遢，但还是要坚持让宝宝练习自己吃饭。

结束期辅食添加的原则与方法

结束期辅食添加的原则

大多数1岁大的宝宝已经长了6~8颗牙，咀嚼的能力有了进一步加强，消化能力也好了很多。所以食物的形式上也可以有更多的变化。

最好少调味

盐跟酱油等调味品在宝宝1岁后已经可以适量食用了，但在15个月以前还是尽量吃些清淡的食物。很多食材本身已经含有盐分和糖分，没必要再调味。宝宝若是嫌食物无味不愿意吃时，可以适量加一些大酱之类的调料，尽量不要使用盐、酱油。给汤调味时可以用酱油或者鱼、海带来调味。因为宝宝一旦习惯甜味就很难戒掉，所以尽量避免在辅食中使用白糖。

不要过早喂食成人的饭菜

宝宝所吃的食物也可以是饭、菜、汤，但是不能直接喂食成人的食物。喂给宝宝吃的饭要软、汤要淡，菜也要不油腻、不刺激才可以。若是单独做宝宝的饭菜不方便的话，也可以利用成人的菜，但应该在做成人食物时，放置调料之前先取出宝宝吃的量。喂食的时候弄碎再喂，以免卡到宝宝的喉咙。

不必担心进食量的减少

即使以前食量较好的宝宝，到了1岁时也会出现不愿吃饭的现象。饭量是减少了，体重也随之不增加，尤其是出生时体重较高的宝宝更易提早出现这种情况。不必太担心宝宝食欲缺乏和成长减缓，这是因为骨骼和消化器官发育过程中出现的自然现象，只需留意是否因错误的饮食习惯造成的即可。

结束期辅食添加的方法

宝宝长到1岁以后就可以过渡到以谷类、蔬菜水果、肉蛋、豆类为主的混合饮食了，但早晚还是需要喂奶。

将食物切碎后再喂

即使宝宝已经能够熟练咀嚼和吞咽食物了，但还是要留心块状食物的安全问题。能吃块状食物的宝宝很容易因吞咽大块食物而导致窒息。水果类食物可以切成1厘米厚度以内的棒状，让宝宝拿着吃。较韧的肉类食物，切碎后充分熟透再食用。滑而易咽的葡萄之类的食物应捣碎后喂食。

每次120~180克为宜

喂乳停止后主要依靠辅食来提供相应的营养成分。所以不仅要有规律的一日三餐，而且要加量。每次吃一碗（婴儿用碗）最为理想。每次吃的量因人而异，但若是距离平均值有很大差距，就应该检查宝宝的饮食是不是出现了问题。很多时候宝宝因为喝过多的奶或没完全换乳时食量不增。

每天喂食两次加餐

随着宝宝营养需求的增加，零食也成为不可或缺的部分。这段时期每天喂食两次零食为佳，早餐与午餐之间，午餐和晚餐之间各一次。在时间间隔较长的上午，可以选用易产生饱腹感的地瓜或马铃薯，间隔较短的下午可选用水果或乳制品。最好避免喂食高热量、含糖高、油腻的食物。摄入过多的零食会影响正常饮食，需留意。

> ☆小提示☆
>
> 宝宝1岁以后就可以将辅食变成主食。白天吃3顿，外加早晚各一次奶。对于已经断了母乳的宝宝，也要坚持喂食适量的配方奶。

结束期辅食食材

【薏米】

宝宝1岁以前不宜食用这种不易消化且易过敏的食物。但它较其他谷类更利于排除体内垃圾和促进新陈代谢。可用有机薏米粉加蜂蜜喂食。

【韭菜】

富含维生素A、脂肪和糖。能够帮助消化吸收肉类，具备润肠作用。但味道较浓，1岁后喂食较佳。搭配牛肉或猪肉食用。初次食用应少量。

【番茄】

番茄能预防疾病，但其酸性较大，注意宝宝吃完后是否出现口边发疹的现象。适合用橄榄油炒着吃，容易吸取其脂溶性的有益成分。

【牛肉】

拥有丰富的成长期所需营养，铁的含量极高，有益于预防缺铁性贫血。两周岁前应经常喂食。使用煮熟的牛排，做汤时选用牛腿肉。

【面食】

刀切面、意大利面、米线都可以喂食。但因为不容易消化和可能导致过敏，所以应该切成适当长度后喂食。应教会宝宝怎么吃，避免他们不加咀嚼直接吞咽。

【草莓】

一天所需的维生素C可靠6～7粒草莓补充，但容易引起过敏，不宜1岁前喂食。白糖易破坏其中的B族维生素，不要配合食用，牛奶也不适合一起喂食。食用前用流水冲洗，去除表面残存农药。

【茄子】

使用植物油配餐能够充分汲取不饱和脂肪酸和维生素E。应两周岁后喂食。冷藏会变质，所以应去水后用纸包装，常温下保存。

【芋头】

富含B族维生素、蛋白质、钙。适合与肉类搭配食用，能够帮助消化。淘米水煮食芋头可有效去除芋头里的毒性还有黏稠成分所带的涩味。应该戴手套处理芋头，以免弄疼手。

【菠萝】

富含维生素C、果糖、葡萄糖。搭配肉类食用，可帮助消化。带叶保存时，将叶子向下放置，这样有助于甜味散发在全部果肉中，味道愈加鲜美。

【杧果】

维生素A含量高，果肉鲜嫩，宝宝十分喜爱吃。但可能其含有防腐剂和农药，不宜1岁前食用。选择表面光滑无黑斑的杧果，可以放入保鲜袋内冷藏1周左右。

【鱿鱼】

肉质坚韧、不易消化，宜1岁以后再喂食。鱿鱼干较咸，不宜喂食3岁以下的宝宝。如对鱿鱼过敏，那么也不要喂食章鱼。为保存营养成分，应高温下快速蒸熟后食用。

【柠檬】

富含维生素C，较浓的香味和较多的酸，易引起过敏，不宜喂食1岁以内的宝宝。切成适当大小或者榨汁，可以保存1个月左右。可以加柠檬汁到牛奶里，去除其特有的腥味。

【猕猴桃】

富含维生素C、钾、钙、叶酸等营养成分，而且几乎没有农药。但其酸含量高，易过敏，所以应喂食两岁以上的宝宝。两周岁以前可少量喂食甜味较大的猕猴桃，完全蒸熟后再喂食。

【蜂蜜】

其中的腊肠杆菌被肠黏膜吸收后容易引起食物中毒，轻者出现便秘，严重甚至会呼吸困难。添加蜂蜜的饼干或者饮料也绝不能喂食。1岁以后喂食，需要加水稀释或者添加到其他食物里食用。

 本阶段宝宝辅食材料加工方法……

大米：泡米和水1∶2，充分煮开。

鸡蛋：煮熟后剥去蛋皮捣碎。

苹果：去皮切成7毫米的块。

油菜：用开水烫一下后去水，切成7毫米的块。

胡萝卜：去皮切成7毫米的块，轻度煮熟。

海鲜：煮熟后去皮去骨，切成7毫米的块。

结束期辅食中饭的煮法

饭的煮法

原料：10克大米，80毫升水。

做法：1.将水和大米放入小锅里，加盖，调大火。2.水开后去盖放掉蒸汽后再加盖，调至小火。3.等米泡开，水剩至少许后再煮5分钟左右。然后灭火加盖焖10分钟左右即可。

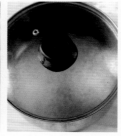

成人米饭改成辅食

原料：60克米饭，适量蘑菇等辅料，80毫升水。

做法：1.将食材处理干净后煮熟。2.将煮熟的食材和米饭放置锅里，加水后再煮一会儿，等煮至水开饭熟为止。

结束期辅食食谱

番茄浓汤...

【烹饪时间】
30分钟

原料

番茄1/4个，马铃薯1/4个，清水80毫升。

做法

1 番茄用热水烫一下，然后去皮，切成两半后用匙子除去籽。

2 马铃薯洗净后削皮，然后煮熟备用。把番茄、马铃薯和水倒入榨汁机里榨均匀。再加入清水一同煮开即可。

冬菇蛋黄糕...

【烹饪时间】
30分钟

原料

蛋黄1个，汤汁1/4杯，冬菇10克。

做法

1 蛋黄和汤汁放在一起搅拌均匀，然后用漏勺过滤一下。

2 冬菇只取茎部，用水洗净，然后切成0.5厘米大小的块。

3 用耐热的碗盛一半做好的鸡蛋汤汁和冬菇，搅拌均匀后再把剩下的鸡蛋汤汁倒碗里。

4 把冬菇蛋汁放入冒气的蒸锅里，盖好盖儿用大火蒸两分钟，再把火调小继续蒸12～15分钟即可。

炒面...

【烹饪时间】
30分钟

原料

乌冬面50克，卷心菜20克，胡萝卜10克，香油1小匙，加工好的鸡胸脯肉1大匙，酱油1/2小匙，清水50毫升，芝麻盐少许。

做法

1 乌冬面用沸水煮一会儿，再用凉水清洗一遍，用漏勺捞出来，沥干水分后再以两厘米的长度切成条。

2 卷心菜和胡萝卜洗净后切成与乌冬面大小一样的条状。

3 将鸡胸脯肉用绞肉机研碎。

4 锅里蘸点香油，把加工好的鸡胸脯肉和卷心菜放锅里翻炒。

5 待鸡胸脯肉和卷心菜熟了以后，把乌冬面和水放入锅里炒一会儿，加入酱油后再炒一会儿。

6 最后把少许芝麻盐撒上即可。

蘑菇饭...

【烹饪时间】
150分钟

原料

大米30克，冬菇30克，洋葱10克，奶酪1大匙，黄油1小匙，鸡汤100毫升。

做法

1 大米洗净后用凉水泡1小时，再用漏勺捞出来。

2 冬菇把茎部去掉，用水洗净后切成1厘米大小的块。

3 洋葱洗净后剥皮，切成跟冬菇一样大小的块。

4 锅里放点黄油，把加工好的洋葱和冬菇放锅里炒。

5 把泡好的大米和鸡汤放入锅里用大火煮。

6 煮到一定程度时将火调小，等饭粒煮熟后把洋葱和冬菇放在一起继续煮，最后把奶酪放锅里搅拌均匀即可。

茄子饭...

原料

大米40克，茄子15克，角瓜15克，洋葱5克，芝麻粉少许，海带汤15毫升，清水80毫升。

做法

1 茄子、角瓜、洋葱切成小块。

2 锅里不加油炒一段时间茄子、角瓜、洋葱后再放芝麻粉和海带汤一起煮。

3 把大米和水倒入锅里煮成稀饭后，再倒入汤汁蒸一段时间即可。

金针菇汤...

原料

马铃薯20克，金针菇20克，白菜15克，酱1/2小匙，鱼汤3/2杯。

做法

1 马铃薯洗净后削皮，切成小薄片。

2 白菜切成1厘米大小的碎片，把金针菇的根部切掉，再切成长度为1厘米的段。

3 把鱼汤和酱放入锅里煮。

4 等酱汤开始沸腾时把马铃薯、白菜和金针菇放锅里煮，一直到所有的材料熟为止。

海苔鸡蛋拌饭...

【烹饪时间】
10分钟

原料

鸡蛋1个，海苔1/4张，米饭1大匙，黄油1小匙，奶粉两匙。

做法

1 把没有加工的生海苔用火稍微烤一下，放入塑料袋里碾磨成小碎片。

2 将奶粉冲调后倒入搅拌好的鸡蛋里拌匀。

3 把黄油放入烧热的锅里，待其融化后，撒入海苔末、米饭，用中火炒一会儿，再倒入鸡蛋液用小火炒嫩。

菠菜拌豆腐...

【烹饪时间】
30分钟

原料

豆腐1/2块，菠菜30克，芝麻盐1小匙，酱油1/4小匙，少许香油。

做法

1 菠菜洗净，只取嫩叶部位，放入沸水中焯一下，再用凉水洗一遍，捞出来切成小粒。

2 豆腐用凉水浸泡20分钟，放入沸水中焯一下，捞出来用刀的侧面把豆腐压碎。

3 把芝麻盐、酱油和香油放在一起搅拌均匀。

4 把加工好的豆腐、菠菜和调料拌匀即可。

油豆腐韭菜饭...

【烹饪时间】
25分钟

原料

大米软饭1碗，马铃薯15克，油豆腐5克，韭菜5克，水80毫升。

做法

1 油豆腐用开水烫一下后去水捣碎。马铃薯去皮后切成小块，韭菜也切成小段。
2 将油豆腐、马铃薯、韭菜一起炒，然后将大米软饭放在一起搅拌即可。

牛肉萝卜汤...

【烹饪时间】
40分钟

原料

牛肉30克，萝卜20克，植物油少许，清水200毫升。

做法

1 按牛肉纹理走向切成5毫米的小块。
2 萝卜去皮后切成7毫米大小的块。
3 锅里放植物油炒牛肉，等牛肉炒熟后加入萝卜继续炒。
4 锅里加水充分煮开即可。

彩色饭团...

【烹饪时间】
30分钟

原料

大米软饭1碗，黄瓜15克，牛肉25克，蛋黄1个，盐少许，酱油1/2小匙，芝麻粉1小匙，香油1/2小匙。

做法

1 用盐搓掉黄瓜表皮的刺后带皮捣碎后用盐腌渍，最后去水再放煎锅里炒熟。

2 牛肉捣碎后加酱油、芝麻粉后充分搅拌放煎锅里炒熟。

3 捣碎蛋黄。

4 把饭分成三等份后，放入黄瓜、牛肉充分搅拌。

5 将饭一匙一匙捏成饭团即可。

奶酪鸡蛋包饭...

【烹饪时间】
15分钟

原料

大米软饭1碗，虾仁10克，胡萝卜10克，洋葱5克，婴儿食用奶酪1/2片，鸡蛋1个，黄油、盐各少许。

做法

1 捣碎虾仁，胡萝卜、洋葱、婴儿食用奶酪切成小块。

2 鸡蛋搅打后用盐调味。

3 锅里放黄油炒胡萝卜、洋葱、虾仁后加软饭充分搅拌，最后加婴儿食用奶酪再炒一次。

4 锅里加鸡蛋液，半熟后加入炒好的胡萝卜、洋葱、虾仁与大米饭一起炒熟，再用蛋饼将其包好即可。

三米粥...

【烹饪时间】
30分钟

原料

薏米30克，高粱米、糯米各50克。

做法

1 薏米、高粱米、糯米分别淘洗干净，用清水浸泡1小时。

2 将泡好的薏米、高粱米、糯米一起放入粥锅内，加足量清水，大火烧沸后小火煮30分钟即可。

蛋饺...

原料

鸡蛋1个，鸡肉末1大匙，青菜末1大匙，盐、植物油各少许。

做法

1 将平底锅内放少许植物油，油热后，把鸡肉末和青菜末放入锅内炒，并放入少许盐，炒熟后倒出。

2 将鸡蛋调匀，锅内放少许油，将鸡蛋倒入摊成圆片状，待鸡蛋半熟时，将炒好的鸡肉和青菜倒在鸡蛋片的一侧，将另一侧折叠重合，即成蛋饺。

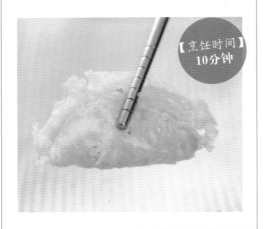

【烹饪时间】
10分钟

空心面...

原料

去刺鱼肉50克，洋葱10克，西蓝花10克，空心面50克，牛奶150毫升。

做法

1 鱼肉切成1厘米大小，洋葱切成7毫米大小，捣碎西蓝花。

2 空心面用开水煮熟后，切开。

3 将鱼肉、洋葱、西蓝花和牛奶一起煮。煮开后，调小火搅拌空心面即可。

【烹饪时间】
15分钟

冬菇炒栗子...

【烹饪时间】15分钟

原料

冬菇10朵，生栗子6个，葱花、姜末、蒜末各适量，盐1/2小匙，蚝油1小匙，植物油1大匙。

做法

1 冬菇用清水洗净，切成块。栗子蒸熟，剥去外皮，栗子肉用刀切成两半。

2 将冬菇和栗子分别用沸水焯一下，捞出控水。

3 炒锅烧热，加植物油，六七成热时放入葱花、姜末、蒜末爆香，放入冬菇、栗子，再放入盐、蚝油翻炒均匀入味即可。

虾仁豆腐汤...

【烹饪时间】15分钟

原料

豆腐30克，鲜虾仁10克，蛋清1个，上汤1杯，植物油适量，盐适量，水淀粉10克。

做法

1 虾仁洗净，切成0.5厘米的小粒；豆腐在沸水中焯一下，沥干水分切成小块。

2 热锅下油，将虾仁放入炒熟后盛出放入汤盆待用，将余油留锅。

3 锅内加入上汤、豆腐块，用盐调味，用水淀粉勾芡，加入虾仁粒，将打散的蛋清倒入搅匀即可。

五彩杂粮饭...

【烹饪时间】
60分钟

原料

大米100克，玉米50克，黑米、小米、绿豆、红小豆各25克。

做法

1 将大米、玉米、黑米、小米、绿豆、红小豆淘洗干净，在清水中浸泡一夜。

2 将泡好的米、各色豆类放入大碗中，加清水没过原料一指节高，然后放入蒸锅中，蒸1小时，断火焖15分钟即可。

山药番茄粥...

【烹饪时间】
40分钟

原料

番茄1/2个，大米100克，山药50克，盐少许。

做法

1 山药洗净，削去外皮，切成圆片。番茄去蒂洗净，切成橘瓣状。大米淘洗干净。

2 把大米、山药一起放入粥锅内，加适量清水，大火烧沸后改用小火煮30分钟，然后加入番茄，再煮10分钟，出锅前加入盐调味。

鲜蘑瘦肉汤...

【烹饪时间】
15分钟

原料

鲜蘑50克，萝卜1/4根，猪瘦肉50克，姜1片，盐、酱油、淀粉各少许，清水适量。

做法

1 将鲜蘑洗净，去根，用手撕成条，用沸水焯一下，捞出控水。猪瘦肉切薄片，加入酱油、淀粉腌渍片刻。萝卜洗净，切小片。

2 炒锅烧热，加入适量清水烧开，放入鲜蘑、姜片及萝卜片煮沸，再加入腌制好的肉片煮至熟烂，放入盐调味即可。

草莓薏仁优格...

【烹饪时间】
20分钟

原料

草莓6颗，优格1盒，薏仁适量。

做法

1 将薏仁加水煮开，水沸后等薏仁熟透，汤汁呈浓稠状即可，放凉后摆在冰箱里备用。

2 将草莓洗干净，去蒂，切半，摆入盘中。

3 在草莓上浇入优格、薏仁汤汁，就可以饮用了。

金枪鱼炒饭...

【烹饪时间】
20分钟

原料

大米软饭1碗，金枪鱼肉10克，油菜10克，冬菇5克，胡萝卜5克，婴儿食用奶酪1/4张，植物油1小匙，清水80毫升。

做法

1 金枪鱼肉轻度冷冻后捣碎。

2 冬菇和油菜去茎后，与胡萝卜一起切成小块。

3 热锅里放植物油炒一下金枪鱼、冬菇、油菜和胡萝卜之后，再放大米软饭，最后趁热加婴儿食用奶酪即可。

玉米面馒头...

【烹饪时间】
15分钟

原料

玉米面100克，面粉50克，黄豆面20克，酵母80克。

做法

1 将玉米面、面粉、黄豆面混合在一起。把酵母用冷水调匀，用酵母水将混合的面粉揉成面团，饧几分钟。

2 把饧好的面团揉成粗长条，分成大小相仿的数份，揉成馒头状，饧5分钟，然后上屉蒸15分钟即可。

芙蓉冬瓜泥...

【烹饪时间】
20分钟

原料

冬瓜200克，鸡蛋1个，火腿适量，盐1小匙，水淀粉、植物油各1大匙。

做法

1 将冬瓜洗净去皮，蒸熟后捣成泥。鸡蛋取蛋清，用筷子顺一个方向打至发泡。火腿切成末。

2 把鸡蛋液与冬瓜泥搅拌在一起，加盐搅拌均匀。

3 炒锅烧热，加植物油，放入冬瓜泥炒熟，用水淀粉勾芡，待汤汁浓稠时装盘，最后撒上火腿末。

鸡蛋牛奶糕...

【烹饪时间】
3分钟

原料

鸡蛋1个，黄油1/4小匙，牛奶1大匙。

做法

1 把鸡蛋和牛奶搅拌均匀。

2 把黄油放入烧热的锅里，待其融化后，再将鸡蛋和牛奶倒入锅中，用小火边搅边煮，一直到煮熟为止。

黑木耳玉米牛肉汤...

原料

干黑木耳20克,胡萝卜1/3根,丝瓜、牛腱肉各50克,玉米1/2根,姜1片,盐1/2小匙,清水适量。

做法

1 将胡萝卜、丝瓜分别去皮、洗净,切成厚片。玉米洗净,用刀斩段。牛腱肉洗净,切成厚片,用沸水焯熟,捞出控水。黑木耳泡发洗净,撕成小朵。

2 汤锅中加入适量清水,大火烧开后放入黑木耳、胡萝卜片、丝瓜片、玉米段、牛肉片、姜片,再次烧沸后转小火煮两小时,出锅前加入盐调味即可。

双色蒸蛋饼...

原料

猪肉馅儿100克,鸡蛋1个,干银耳、干木耳各20克,盐1小匙,水淀粉适量,植物油1大匙。

做法

1 鸡蛋磕入碗中,加水淀粉打散。银耳、黑木耳用清水泡发,去蒂,洗净后切成丁,分别与肉馅儿拌在一起,加入盐拌匀,制成两色的馅儿。

2 炒锅烧热,加植物油,四成热时将鸡蛋液倒入锅中,摊成蛋皮。蛋皮铺在盘子上,先铺银耳馅儿,再铺黑木耳馅,然后上热蒸锅蒸5分钟取出,切成菱形块即可。

雪梨白果奶汤...

【烹饪时间】
10分钟

原料

淡牛奶1杯，白果30克，雪梨1个，蜂蜜少许。

做法

1 将雪梨削皮、去核，梨肉切成1厘米大小的块。

2 白果去掉外壳，用沸水烫一下，然后捞出，剥去白果外皮，用牙签捅去白果心。

3 将白果、雪梨丁放入锅内，加入适量清水，大火煮沸后转小火，煮到白果熟烂，再加入牛奶，煮沸后关火，汤稍凉后加蜂蜜。

苹果雪梨猪肺汤...

【烹饪时间】
140分钟

原料

猪肺1个，雪梨100克，苹果80克，冰糖少许。

做法

1 猪肺先用清水灌洗，挤去其中的血水，然后切大块。锅中加水烧开，将猪肺块倒入锅中，焯烫去掉血水和浮沫，然后捞出。

2 将雪梨和苹果洗净，去核，切成大小相仿的块。

3 汤锅中加入清水烧沸，放入雪梨块、苹果块、猪肺块，再加入冰糖，大火煮沸后转小火炖两小时后即可。

苹果胡萝卜奶汁...

【烹饪时间】
5分钟

原料

牛奶100克，胡萝卜1根，苹果两个。

做法

1 将苹果削皮、去核，果肉切成大一点儿的块。

2 胡萝卜洗净切成大一点儿的块。

3 将苹果块、胡萝卜块与牛奶一起放入榨汁机中，搅打成汁，加入少许矿泉水稀释一下。

鲜虾豆腐汤...

【烹饪时间】
20分钟

原料

虾仁50克，豆腐1块，葱花少许，盐1小匙，高汤两杯，植物油适量。

做法

1 豆腐切成块，用沸水焯一下，捞出凉凉。虾仁洗净，用沸水焯一下，捞出凉凉。

2 汤锅中加入高汤，再放入豆腐块、虾仁烧沸，撇去浮沫，然后加入盐煮5分钟，出锅前撒入葱花即可。

黄金豆腐...

【烹饪时间】
10分钟

原料

豆腐1/2块，熟鸭蛋黄1个，植物油1大匙，葱末5克，盐1小匙，水淀粉10克。

做法

1 将豆腐切成大片。炒锅烧热，加入植物油，油温五成热时，放入豆腐片，两面煎成金黄色时，捞出沥油。

2 炒锅内留少许底油，下葱末爆香，将煎好的豆腐片放入锅内，煸炒后倒入盐，添适量热水烧开后，用水淀粉勾芡，将熟鸭蛋黄下锅研碎，翻炒均匀。

牛肉丁豆腐...

【烹饪时间】
20分钟

原料

豆腐1/2块，牛肉50克，蛋清1个，酱油、盐各1小匙，豆瓣酱1大匙，葱末、姜末各适量，植物油1匙。

做法

1 将豆腐切成丁，用沸水焯一下，捞出控水。

2 牛肉切方丁，放入碗中，加酱油、蛋清、盐、水淀粉，腌渍15分钟。炒锅烧热，倒入植物油，五成热时放牛肉丁，炸至酥松，捞出沥油。

3 炒锅内留少许底油，放葱末、姜末、豆瓣酱爆香，再放豆腐丁、牛肉丁，翻炒均匀，出锅前用水淀粉勾芡即可。

南瓜排骨汤...

【烹饪时间】
140分钟

原料

排骨200克，南瓜50克，洋葱半个，盐适量。

做法

1 将排骨洗净，剁成寸段，用沸水焯去血水，捞出用清水冲洗干净。南瓜洗净，片去厚皮，去籽，切成小块。洋葱去皮、洗净，切成瓣。

2 汤锅中加入清水烧沸，放入排骨、南瓜、洋葱大火煮沸，转小火炖两小时，最后加入盐调味即可。

面包牛奶粥...

【烹饪时间】
10分钟

原料

牛奶1杯，吐司面包1片。

做法

1 将牛奶放入锅中，吐司面包去掉边，撕成碎片放入牛奶中。

2 等牛奶煮开后即可熄火，用匙子将面包搅碎即可。

一日三餐正常
饮食期 （16～36个月）

宝宝从婴儿期以乳类为主食逐渐过渡到以谷类为主食，并加入蛋、肉、鱼、菜等混合食物的饮食，营养更加丰富。饮食的烹调方法及食材的选择也越来越接近成人，但在日常饮食中还要注意宝宝的饮食健康，以免造成消化吸收紊乱。

16～36个月宝宝的变化

16～24个月宝宝

1.自己走路走得很稳

2.能双脚连续跳，但不超过10次

3.扶栏杆能自己上下楼梯

4.宝宝知道利用椅子或凳子设法去够拿不到的东西

5.可以倒着走

6.可以自己玩耍

7.开始长臼齿

8.将2～3个字组合起来，形成有一定意义的句子

9.会要吃和喝的食物

10.能在家里模仿成人做家务

11.排便时会告知成人

12.能一张一张翻开书页

13.开始试着折纸

14.可以画线段

15.可以从头顶上方扔球

16.可以将杯子里的东西倒出来

17.能将5块积木摞起来

18.可以自己脱衣服、裤子

19.能向前踢球

25～36个月宝宝

1.能双脚离地跳跃

2.上下楼梯更加自如

3.会自己穿鞋

4.会自己解扣子

5.会自己擦屁股

6.听到音乐时能跳舞

7.知道1与许多的意思

8.能快速地跑不会摔倒

9.会立定跳远

10.能用积木搭成房子、汽车等

11.可稳当的单脚站立

12.可以使用筷子

13.会提醒妈妈说错了故事的情节

进入正餐期的信号

开始于16个月

软饭已经熟悉，也开始对成人的食物感兴趣，这是可以结束完结期的信号。什么时候可以开始吃的婴儿食品呢？可以参照下面情况。

虽然每个宝宝发育的情况和消化能力都不太一样，但大多数宝宝都可以在16个月左右正常地消化软饭了，有些宝宝都可以吃米饭了，并且产生了对以饭、菜、汤组成的成人的食物浓厚的兴趣。等到宝宝顺利地吃完完结期的软饭后，就可以开始正式地吃婴儿食了。

熟悉了匙叉

宝宝到16个月大后，肌肉愈加发达，对匙叉也更加熟悉。饭菜撒的数量和次数也减少，吃饭速度也在提升。虽不能像用匙那样熟练，但也可以独立使用水杯喝水了。不需成人的帮助即可喝掉杯里的牛奶或水。即使撒饭、洒水，也不用帮忙，多给宝宝自己练习吃饭、喝水的机会。能习惯自己喝水、吃饭，使用匙、杯等餐具的宝宝，他们也更容易适应多品种的婴儿食。

☆小提示☆

基本1小碗（婴儿用碗）就可。但也要根据宝宝的消化能力和食欲来定他们婴儿食期间的饭量。即使同一个宝宝也要依据其当天的状态和零食量来定，有少吃的时候，也有多吃的时候。故而不必一定固守一天的量。切忌过多地喂食零食或者追宝宝喂饭。若宝宝身高、体重都合格，少吃、多吃一次并不要紧。

正餐期间的饮食原则

尽量避免宝宝偏食

18个月的宝宝开始有脾气，对于喜爱或不喜爱的东西态度表现鲜明，同时也有了偏食的习惯，饭量也开始不再一致。若不及时矫正婴儿食期间偏食的坏习惯，就会养成以后看到不喜欢的食物就习惯性呕吐或者干脆一点儿不吃的坏习惯。要让宝宝改掉偏食的坏习惯，就得找到他拒绝食物的原因，然后通过更换食材和烹饪方法来打造成宝宝喜爱的食物。

谷类不能忽视

不少家长很重视让宝宝进食鱼、虾、肉、菜等，但往往不够重视同样含有丰富营养物质的谷类。如果摄入谷类不足，同样会造成宝宝营养失衡。因为人体所需的70%以上热量和50%的蛋白质都可以由谷类提供，甚至它里面所含的B族维生素和矿物质也占据了饮食里的较大比例。

谷类里面含有70%~80%的碳水化合物，主要为淀粉多糖，是最重要的能帮助人体消化吸收的能源物质。它还含有大量的B族维生素。既有可增加食欲、帮助消化、促进宝宝生长发育的维生素B_1，还有可预防口角炎、舌炎、唇炎的维生素B_2，还含有其他生长必需的植物性蛋白质。含量丰富的矿物质：钙、铁、磷、钾、铜、锌、锰等。谷类中含有较少的脂肪（绝大多数不饱和脂肪酸，还有少量的磷脂）。这些都是人类大脑必需的营养成分，可以促进大脑的发育。

少吃油炸食品

很多宝宝都非常爱吃油炸食品中的炸薯片。超市里常有出售各种半成品油炸食品，比如鸡块、羊肉串等。但常吃这种食品，对于宝宝的正常发育是非常不利的。

在制作油炸食品的过程里，油的温度非常高，会破坏食物里的大量维生素，从而使宝宝无法摄取到里面的维生素。如果炸制这些食品使用的还是反复使用过的剩余油，里面还会蕴藏着十几种不挥发的有毒物质，对宝宝身体非常有害。

此外，油炸的食物也非常不易被人体消化，容易让宝宝有饱胀感，影响到正常饮食。另外，炸油条、油饼等食物还会涉及过量摄入"铝"的问题。

饭菜要清淡

虽然宝宝现在可以吃成人的饭菜了，但最好还是忌食咸辣的饭菜。这个时期如果习惯吃咸的食物，就会让宝宝养成喜食口味重的食物，导致长大后可能只爱吃咸的食物。有些家长认为只要用水涮涮泡菜之类的食物就可以喂了，其实不然，这类食物即使用水涮了也不会去掉咸味。可以在制作泡菜之前用少量的盐或者酱油单独给宝宝做些清淡的泡菜。

☆小提示☆

外卖的食物不仅卫生不过关，而且大多是刺激性的食物，热量高，还容易导致过敏。所以尽量避免婴儿食期间喂食外卖食品。

养成良好的饮食习惯

让宝宝定时、定量进食

婴幼儿时期是建立和培养良好饮食习惯的关键时期，如果这一时期引导不当，一旦形成不良的饮食习惯，以后要改正就非常困难。因此，父母要从婴儿时期就培养宝宝良好的饮食习惯。只有养成良好的饮食习惯，才会保证宝宝的进食量，让宝宝获得充分的营养，从而保证身体健康。

怎样养成定时、定量进餐的习惯

首先，父母要合理控制宝宝每天的进餐次数、时间和进食量，让三者之间有规律可循。到了吃饭的时间，就应让宝宝进食，但不必强迫他吃，当宝宝吃得好时就应表扬他，并要长期坚持。

其次，精心调配食物。烹调时需注意食物的色、香、味俱全，软、烂适宜，便于宝宝咀嚼和吞咽，可以调动宝宝用餐的积极性。还可以给宝宝买一些形态、色彩可爱的小餐具，让宝宝喜欢使用这些餐具进餐。

定时、定量喂养需灵活掌握

定量饮食也要灵活掌握。有的父母还会严格按照书上的标准让宝宝吃饭，遇到宝宝偶尔不想吃的时候，父母也要千方百计地哄他吃下去。这种做法也是不可取的，父母要根据宝宝自身的情况而定，因为每个宝宝的发育情况、饮食量都有所不同，不能一概而论。

目前，很多家庭存在强迫喂养现象，且"定量强迫"显著高于"定时强迫"。宝宝偶尔食欲缺乏是正常现象，如果父母过于纠缠在一定量的食物上，会使宝宝食欲更加差。宝宝的厌食让父母更加焦虑，就用坚决的手段强迫宝宝进食，会使厌食的情况更加严重。

不要强迫宝宝丢下玩具去吃饭

彬彬正在外面玩得开心的时候，不知不觉吃饭时间到了，妈妈就让彬彬放下手里的玩具，可他又哭又闹，妈妈认为："定时吃饭就是要按时吃饭！"实在没办法妈妈干脆端着饭碗，追着彬彬跑，而彬彬一边玩，一边吃上两口，喂上一顿饭要花两个多小时。

专家指出，宝宝不像成人一样有很强的时间观念，而且宝宝的肠胃没有养成定时的习惯，如果在玩耍中途被打断，会增强宝宝对吃饭的厌恶感。一边玩一边吃饭更是饮食习惯的大忌，父母应该灵活地掌握宝宝定时进食的方法。

做个不挑食的宝宝

宝宝的挑食现象很普遍，是成长发育过程中的一种正常的阶段性现象。但这种现象如果不及时纠正，会引起宝宝营养摄入不均衡，对宝宝成长发育造成一定影响。父母们要从宝宝很小的时候注意宝宝的饮食习惯，对于挑食的宝宝要剖析其原因，以便对症下药。

父母言传身教

平时爸爸妈妈可以经常在宝宝面前吃一些宝宝不太爱吃的食物。爸爸妈妈在吃的过程中还要表现出特别喜欢吃的样子，这样宝宝潜意识里会认为这些食物很好吃，因为爸爸妈妈都喜欢吃。长此以往，宝宝慢慢会喜欢上本来不喜欢的食物。

告诉宝宝食物的价值

每种食物都有其独特的营养价值，父母不妨对宝宝不爱吃的食物作以研究，了解它对宝宝生长发育的作用，并耐心跟宝宝讲解这些食物对他有什么好处。例如宝宝不吃胡萝卜，妈妈可以告诉他："吃胡萝卜对眼睛好。"

巧妙搭配食物

针对挑食的宝宝，爸爸妈妈可以巧妙地搭配各种食物，把宝宝喜欢的和不喜欢的食物进行"完美组合"，也可将宝宝不爱吃的食物来个"大变身"，以唤起宝宝的食欲，使他乐于尝试各种食物。

让宝宝从小吃杂食

儿科医学专家指出，在婴幼儿时期给宝宝频繁地吃各种各样的食物，宝宝长大了以后，很少会有挑食的习惯。

表扬鼓励

父母要善于当面表扬宝宝在饮食方面的进步，如果宝宝某次吃了他平时不爱吃的东西，父母要给予鼓励，让宝宝更好地坚持下去。

添量喂养

父母可以在不告之的情况下，采用少量添加或逐步添加喂养的形式，在宝宝的日常食物中少量添加他挑剔的食物，以此让宝宝顺其自然地接受这些食物。

做个喜欢吃蔬菜的宝宝

众所周知，蔬菜的营养是非常丰富的，对宝宝的生长发育大有裨益，但是大多数宝宝似乎天生就对某些蔬菜很抗拒。不管父母怎么哄、怎么管宝宝就是不肯就范。难道就此放弃让宝宝多吃蔬菜的念头吗？当然不行，那么到底要怎么做呢？

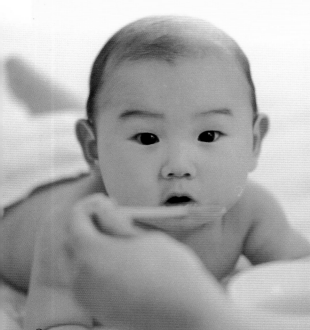

告诉宝宝吃蔬菜的益处

不误时机地叮嘱宝宝多吃蔬菜的好处，当然不能讲得太深刻。父母要从宝宝的理解能力出发，用浅显的句子告诉宝宝，例如：多吃蔬菜就不生病了，不用打针了，也不用吃苦药了，还能长得高，变漂亮等，这样简单易懂的道理，宝宝比较容易接受。

从兴趣入手培养宝宝喜欢蔬菜

可通过让宝宝和自己一起择菜、洗菜来提高他们对蔬菜的兴趣，如洗黄瓜、番茄或择豆角等。吃自己择过、洗过的蔬菜，宝宝一定会觉得很有趣。

周围成人要作榜样

要让宝宝喜欢吃蔬菜，首先父母或其他成人要吃蔬菜。如果成人对蔬菜不感兴趣，只是一个劲地劝宝宝吃蔬菜，那是徒劳。因此，父母和宝宝一起吃饭时，即便对于自己不怎么爱吃的菜，也要尽量多吃，并边吃边称赞。

用故事诱发宝宝对蔬菜的兴趣

在给宝宝看故事书或动画片的时候，可以结合故事的情节来告诉宝宝吃蔬菜的好处。例如，大力水手吃菠菜才能变得更有力量，兔巴哥吃胡萝卜就可以变得很聪明，宝宝只要多吃蔬菜也会和他们一样。慢慢地，宝宝就会对吃蔬菜变得很有兴趣了。

多改变蔬菜的做法

对于有精力和条件的父母，可尽量变着花样，并在无意中让宝宝多摄入蔬菜，如将蔬菜以适合自己宝宝口味的方法烹调，或把蔬菜包在饺子或包子里面，或将各色的蔬菜搭配起来，做成五颜六色的蔬菜大拼盘，从而引发宝宝食欲，或做成蔬菜沙拉等。

培养吃早饭的好习惯

开始一天的生活之前，吃上一顿使人精力充沛的营养均衡的早餐是非常重要的。但仍然有不少人对此不以为然，马马虎虎对付了事，这样做是非常不对的。

宝宝不愿吃早餐的原因

一般起床后短时间内，宝宝没有胃口不愿吃早餐，可适当延后早餐时间。如果不吃早餐，一天所需的营养便需从午餐和晚餐中摄取，那样会对身体造成负担，甚至会影响到生长发育。

不吃早餐所带来的不良影响

1.脑部发育和智力发育会受到影响

长期不吃早餐会使得人的血糖供给低下，大脑的营养也不足，长期下去就会对大脑造成伤害。另外，早餐的质量跟智力发展也有密切的联系。据研究，一般进食高蛋白早餐的宝宝在课堂上的最佳思维普遍有所延长，而吃素的宝宝情绪和精力都会呈较快下降趋势。

2.易患蛀牙

近年来美国科学家提供的一份研究表明，同那些天天进食早餐的同龄儿童相比，年龄在2～5岁经常不吃早餐的儿童发生蛀牙的概率是前者的4倍以上。

3.不吃早餐容易发胖

早上肚子填饱了，宝宝可以很好地控制他一天内的食欲，从而杜绝午餐和晚餐暴饮暴食的可能性，有利于控制体重。否则宝宝会在饥饿时进食零食或者暴饮暴食。

如何使宝宝开心地吃早餐

1.必须搭配一定谷类食物

比如面包、面条、馒头、包子、烧饼、蛋糕、粥、饼干等，并且要做到各种谷类食物按粗细均衡搭配。

2.保证蛋白质的供给

鸡蛋、牛奶、豆类都包含丰富的蛋白质。每日早餐都要保证宝宝饮用250毫升牛奶或者豆浆，一个鸡蛋或者几片牛羊肉，从而保证宝宝摄入生长发育必需的蛋白质。

3.一定要用好的植物油做早餐

做凉拌菜时不要忘记滴入几滴植物油，里面的脂肪既能提供宝宝所需的热量，也能让菜更具香味，促进宝宝食欲。

4.保证一定量的蔬菜

可做凉拌黄瓜、萝卜、莴笋、白菜等蔬菜，豆腐、豆皮、豆干等豆制品或者凉拌海带等海产品，从而提供其他的营养素以及矿物质，还能刺激宝宝食欲。

让宝宝自己动手吃饭

对于宝宝强烈的"自己动手"的愿望，父母是阻止还是鼓励，是决定宝宝未来吃饭能力的关键。父母不妨索性给宝宝一把小匙、一双筷子，任他在碗里、盘子里乱戳乱捣，一口口地往嘴里送。结果当然是掉到桌上、身上、地上的比吃到嘴里的食物要多得多，然而不能否认的是，最初宝宝毕竟有一两口送到了自己嘴里。有过如此训练的宝宝，一般1.5岁以后就能独立吃饭了。

允许宝宝用手抓着吃

刚开始先让宝宝抓面包片、磨牙饼干；再把水果块、煮熟的蔬菜等放在他面前，让他抓着吃。一次少给他一点儿，防止他把所有的东西一下子全塞到嘴里。

把小匙交给宝宝

给宝宝戴上大围嘴儿，在宝宝坐的椅子下面铺上塑料布或旧报纸，给宝宝一把小匙，教他盛起食物往嘴里送，在宝宝成功将食物送到嘴里时要给予鼓励。父母要容忍宝宝吃得一塌糊涂。当宝宝吃累了，用小匙在盘子里乱扒拉时，再把盘子拿开。

能自己吃饭后就不要再喂着吃

宝宝能独立地自己吃了，有时他反而想要妈妈喂。这时如果你觉得他反正会自己吃了，再喂一喂没有关系，那就很可能前功尽弃。

宝宝用手抓着吃饭是一个必经过程

　　奇奇刚满1岁，每次吃饭时都是奶奶抱着她坐在腿上喂，最近奇奇总是伸手抓奶奶的筷子，还想挣脱奶奶去抓茶几上的菜。每顿饭都折腾很长时间，奶奶自己也吃不好，于是爷爷提议让奇奇自己趴在茶几上用手抓着吃。

　　奶奶给奇奇拿了一个不锈钢的小碗和一个短柄小匙，在奇奇的碗里夹了些短面条和菜叶，放在茶几上，茶几正好比奇奇矮一个头，她可以站着吃。奇奇用手大把往嘴里送面条，掉到茶几上还会伸手去捏，吃得津津有味，上衣前襟上沾满了面条和菜片。吃完后就抓着碗打桌子，让奶奶再给她夹面。

　　用手抓饭是宝宝发育过程中必经的过程，父母或成人不要干涉，尽量让宝宝都自己动手。

☆小提示☆

　　宝宝碗里、盘子里的饭菜不要过多，要温度适中，以防止烫伤宝宝，或太凉吃下去胃不舒服。一次给宝宝一种菜，最好不要把几种菜混到一起，使宝宝吃不出味道，倒了胃口。宝宝的整个吃饭过程不能嫌麻烦。

养成细嚼慢咽的好习惯

　　宝宝在吃饭时应该细嚼慢咽，因为饭菜在口里多嚼一嚼，能使食物跟唾液充分拌匀，唾液中的消化酶能帮助食物进行初步的消化，而且可使胃肠充分分泌各种消化液，这样有助于食物的充分消化和吸收，可减轻胃肠道负担。此外，充分咀嚼食物还有利于宝宝颌骨的发育，可增加牙齿和牙周的抵抗力，并能增加宝宝的食欲。

　　但现实生活中，很多宝宝吃饭时都是狼吞虎咽。导致这样的原因有很多，包括家人的影响、宝宝的急性子、宝宝的吃饭时间有限等。

☆小提示☆

　　有的宝宝食用花卷、馒头等主食时，习惯用汤就着吃，减少咀嚼次数；有的宝宝吃饭时总喜欢边吃饭边喝水。这些都是不良的饮食习惯，影响食物的消化吸收，导致营养不良。所以尽量避免这种饮食方法。

向宝宝解释细嚼慢咽的好处

对于大于3岁的宝宝，完全可以向他解释吃饭细嚼慢咽的好处及狼吞虎咽对身体的危害，讲时可举些例子，如某个宝宝吃饭太快，肚子疼了，打针很疼；某个宝宝吃饭太快，长大后胃不好了，吃不下饭等。例子要简单浅显，可适当夸张一些。

规定宝宝不许提前离开餐桌

好多宝宝急着吃完饭去玩，这时父母可定一条用餐规矩，规定每个人在半小时内不许离开餐桌，这样宝宝即便吃完也脱不了身，也就不急着吞咽食物了。

创造一片轻松的用餐氛围

用餐期间父母尽量放松心情，创造一片温馨和谐的气氛，让宝宝由衷地喜欢餐桌上的气氛，宝宝会愿意多在餐桌上逗留，不会为逃离餐桌而"狼吞虎咽"。

☆小提示☆

"玩"食物是宝宝认知的方式，宝宝只有认识了食物，才有可能爱上吃饭。

宝宝吃完饭，爸爸妈妈要夸奖他，夸她吃得快、吃得干净、匙子握得好。

辅食正餐期食谱

鸡蛋炒饭...

【烹饪时间】
30分钟

原料

大米饭1小碗，鸡蛋1个，牛肉10克，婴儿食用奶酪1片，酱油1小匙，植物油、香油、黑芝麻各少许。

做法

1 牛肉捣碎后加到放植物油的煎锅里炒熟，加鸡蛋再炒一次。

2 将婴儿食用奶酪捣碎。

3 把温饭、酱油、香油、鸡蛋一同放入碗里充分搅拌后撒上婴儿食用奶酪和黑芝麻。

冬菇蛋黄糕...

【烹饪时间】
30分钟

原料

蛋黄1个，汤汁1/4杯，冬菇10克。

做法

1 蛋黄和汤汁放在一起搅拌均匀，然后用漏勺过滤一下。

2 冬菇只取茎部，用水洗净，然后切成0.5厘米大小的块。

3 用耐热的碗盛一半做好的鸡蛋汤汁和冬菇，搅拌均匀后再把剩下的鸡蛋汤汁倒碗里。

4 把冬菇蛋汁放入冒气的蒸锅里，盖好盖儿用大火蒸两分钟，再把火调小继续蒸12~15分钟即可。

乌冬面...

【烹饪时间】
15分钟

原料

乌冬面40克，海带、鱼脯各1张，盐少许，清水300毫升。

做法

1 乌冬面剪成5～10厘米长度后用开水煮熟。

2 把清水和海带放入锅里煮开后，捞出海带，放入鱼脯再煮5～6分钟。

3 等鱼脯沉到锅底后用盐调味，再过滤。

4 乌冬面盛到碗里后加鱼脯的汤即可。

瘦肉炒芹菜...

【烹饪时间】
15分钟

原料

猪瘦肉50克，芹菜15克，盐1小匙，姜丝适量，水淀粉、植物油各1大匙。

做法

1 猪瘦肉切丝，用少许盐、水淀粉上浆。

2 芹菜择洗干净，芹菜梗切丝。

3 炒锅烧热，加植物油，三成热时下姜丝、肉丝翻炒，放入芹菜丝、盐翻炒至芹菜炒熟即可。

蘑菇鸡蛋汤...

【烹饪时间】
20分钟

原料

洋松茸两个，鸡蛋1个，大葱10克，蒜泥1小匙，香油、酱油各少许，清水250毫升。

做法

1 蘑菇去掉茎部后切成丝状，然后加到放香油的煎锅里炒熟。

2 鸡蛋打碎后搅匀，捣碎大葱。

3 锅里倒入适量的清水加蘑菇和大葱煮开后，再放入蒜泥和酱油一起煮。

4 在煮好的食材中加入鸡蛋液煮到鸡蛋熟为止。

白菜粉丝汤...

【烹饪时间】
15分钟

原料

白菜20克，泡好的粉丝20克，黑芝麻少许，调味酱油1/2小匙，鱼汤200毫升。

做法

1 白菜洗净后挑出质嫩的菜叶切成1厘米大小。

2 将泡好的粉丝剪成适当长度。

3 锅里倒入适量的鱼汤煮一段时间后加白菜和粉丝煮开。

4 等鱼汤煮开后用调味酱油调味，最后撒点黑芝麻即可。

洋葱炒鸡蛋...

【烹饪时间】
15分钟

原料

洋葱1/4个，鸡蛋1个，植物油1大匙。

做法

1 洋葱去皮切成丝。
2 放油的热锅里炒洋葱丝后再放入鸡蛋。
3 等鸡蛋熟一点儿的时候用木匙快速搅拌即可。

番茄炖牛肉...

【烹饪时间】
40分钟

原料

牛肉、菠萝各50克，洋葱10克，橄榄油、番茄汁各1小匙，捣碎的番茄1/4杯，盐各少许。

做法

1 牛肉切成小片状后加入盐腌制。
2 菠萝切成1厘米大小的块，洋葱切成5毫米大小的块。
3 锅里放橄榄油后加牛肉炒一段时间后加入菠萝和洋葱，再加入番茄汁、捣碎的番茄、清水后一直炒到洋葱和牛肉熟为止。

苹果三明治...

【烹饪时间】
5分钟

原料

苹果1/4个，面包片两片，火腿肠片1片，蛋黄酱适量，奶酪一片。

做法

1 面包片放烤面包炉中烤熟后抹一层蛋黄酱。

2 苹果洗净后去皮切成薄片。

3 面包片中间夹上苹果片、火腿肠和奶酪后去掉边缘，切成适当的大小即可。

营养牛骨汤...

【烹饪时间】
15分钟

原料

牛骨100克，胡萝卜、番茄、菜花各50克，洋葱1个，植物油、盐各适量。

做法

1 牛骨切小块，洗净，放入开水中煮5分钟，取出冲净。

2 胡萝卜去皮切大块，番茄切开4块，菜花切大块，洋葱去衣切块。

3 烧热锅，下植物油1小匙，小火炒香洋葱，注入适量水煮开，加入各材料煮3小时，加盐调味即可。

虾皮冬瓜...

【烹饪时间】
10分钟

原料

冬瓜100克，虾皮20克，花生油两小匙，盐少许。

做法

1 将冬瓜削去皮，去掉瓜瓤，切成小厚片；虾皮用温水稍泡洗净待用。

2 将油放入锅内，热后投入冬瓜煸炒，然后加入虾皮、盐翻炒均匀，加少许清水，烧透入味即可。

炸酱面...

【烹饪时间】
15分钟

原料

面条200克、甜面酱适量，肉末少许，黄瓜200克、植物油1匙。

做法

1 将黄瓜洗干净，切成细丝，放一旁备用。

2 锅内放入植物油，待油开后，放入肉末翻炒，肉末全部变色后，放入甜面酱，稍稍加些烧开的清水，使甜面酱变得稀些。用小火炒甜面酱，甜面酱炸开后即可出锅。

3 面条煮好过一下水，捞入碗中。吃时可拌黄瓜丝和甜面酱。

素花炒饭...

【烹饪时间】
5分钟

原料

胡萝卜1/3根，甜椒20克，菠萝10克，火腿肉30克，青葱10克，软米饭1/2碗，橄榄油1小匙，盐1小匙。

做法

1 将胡萝卜、甜椒、菠萝、火腿肉切丁，青葱切成葱花备用。

2 把葱花与胡萝卜丁、软米饭和盐用不粘锅小火炒松。

3 将甜椒、菠萝、火腿肉放入一同炒匀即可。

爱心寿司...

【烹饪时间】
10分钟

原料

米饭1小碗，鸡蛋1个，黄瓜30克，胡萝卜30克，烤好的海苔1片，植物油1匙。

做法

1 平底锅里放入油，烧热。把鸡蛋液倒入，均匀地摊成鸡蛋饼。

2 把胡萝卜、黄瓜和鸡蛋饼切成丝备用。

3 拿出一片海苔，铺在寿司帘上，把米饭铺在海苔上。

4 在米饭上放上胡萝卜丝、黄瓜丝和鸡蛋丝。

5 将寿司帘卷起，来回卷几次捏紧；用刀切成小块，装盘即可。

蒜烧带鱼...

【烹饪时间】
40分钟

原料

带鱼200克，猪五花肉、腊八蒜、豆腐干各50克，盐、酱油各1小匙，醋、面粉各50克，大料适量，植物油两匙。

做法

1 将带鱼洗净，切成大段，用醋腌几分钟，去掉腥味。豆腐干切片，猪五花肉切片，腊八蒜去皮。

2 腌好的带鱼段两面蘸面粉。炒锅烧热，加植物油，四成热时放入带鱼段，煎至两面金黄色后取出。

3 炒锅留少许底油，放入大料爆香，加入猪肉片、豆腐干、酱油、盐、醋翻炒，再放入带鱼，烧入味后加入腊八蒜，烧至汁浓即可。

烧茄子...

【烹饪时间】
50分钟

原料

紫皮茄子100克，洋葱50克，香菜、冬菇各30克，盐、生抽、香油各1小匙，葱、姜、蒜各5克，老抽、白糖1/2各小匙，鲜汤适量。

做法

1 茄子洗净，在表皮上用刀竖着浅划4刀；葱、姜切片，蒜拍扁；香菜去掉茎、叶，取菜根洗干净用水焯一下。冬菇洗净，用开水焯一下。

2 坐锅点火，倒入油，放入香菜根、冬菇、蒜片、姜片略炒，再加入鲜汤小火煮30分钟。

3 茄子沥干水分，放入汤中加盐、白糖、老抽、生抽、酱油、香油等，用小火卤10分钟即可。

梨粥...

原料

大米粥1碗，梨10克，清水1/2杯。

做法

1 梨洗净后削皮，切成小粒。
2 把大米粥、梨粒和清水放入锅里用大火边搅边煮。

菜叶包饭...

原料

大米饭1小碗，腊肠、瘦猪肉、冬菇、虾仁各适量，大白菜叶1张，植物油1大匙，酱油、盐各适量。

做法

1 将大白菜叶洗净。
2 将腊肠、瘦猪肉、冬菇、虾仁切成细末，加酱油、盐炒熟。倒入大米饭，翻炒均匀后，用大白菜叶包好即可。

苦瓜炒蛋...

原料

苦瓜1/3根，火腿30克，鸡蛋1个，盐1/2小匙，植物油1匙，小番茄适量。

做法

1 苦瓜洗净，去瓤，切成薄片，用沸水焯一下，去苦味。火腿切丁，用沸水焯一下。将苦瓜片和小番茄摆在盘边装饰。
2 鸡蛋磕入碗中，打散，加盐搅拌均匀，放入火腿丁、苦瓜片拌匀。炒锅烧热，加植物油，五成热时将鸡蛋液倒入锅中炒熟即可。

美味茄子...

【烹饪时间】
25分钟

原料

茄子1根，胡萝卜1/3根，青辣椒1/2个，香菜10克，盐1小匙，葱花、蒜末各适量，植物油1匙。

做法

1 茄子洗净，切成滚刀块；胡萝卜洗净，去皮，切丝；青辣椒洗净，去蒂、去籽，切丝；香菜择洗干净，切末。

2 炒锅烧热，加植物油，六成热时放入茄子，炸至熟透，捞出控油。锅中留少许底油，下葱花、蒜末爆香，放入青椒丝翻炒均匀，放入盐炒匀，倒入炸好的茄块，煸炒均匀，出锅前撒上香菜末即可。

冬菇炒西葫芦...

【烹饪时间】
10分钟

原料

西葫芦、胡萝卜各1/3根，冬菇5朵，松子仁适量，葱末、姜末各少许，盐、香油各1/2小匙，植物油1大匙。

做法

1 西葫芦洗净，切成条，用精盐腌渍片刻。冬菇、胡萝卜择洗干净，切成条备用。

2 炒锅烧热，加植物油，六成热时下葱末、姜末爆香，放入胡萝卜条、冬菇条、西葫芦条翻炒均匀，添适量清水焖两分钟，放入松子仁、盐，出锅前淋香油即可。

黑木耳炒白菜...

【烹饪时间】
10分钟

原料

大白菜50克，猪瘦肉100克，干黑木耳20克，葱、蒜各适量，水淀粉适量，盐1小匙，植物油1大匙。

做法

1 大白菜洗净，掰开切长段。干黑木耳用清水泡发，去蒂洗净，撕成小朵。葱洗净，切段。蒜去皮，拍碎。猪瘦肉切片，用盐、水淀粉腌渍片刻。

2 锅烧热，加植物油，四成热时放入肉片，炒至肉色变白，捞出沥油。

3 锅中放入葱段、蒜末爆香，放入黑木耳片、大白菜炒软，然后加入肉片、盐炒匀即可。

黑木耳冬菇紫菜汤....

【烹饪时间】
60分钟

原料

紫菜30克，冬菇3朵，干黑木耳20克，盐适量。

做法

1 冬菇去根，洗净，切成片；干黑木耳用清水泡发，去蒂洗净。紫菜用清水浸软，洗净撕碎。

2 锅烧热，加入适量清水，放入冬菇片、紫菜，大火煮沸后转小火煮30分钟，然后放入黑木耳煮10分钟，出锅前加盐调味即可。

笋瓜小炒...

【烹饪时间】
10分钟

原料

笋100克，黄瓜1/2根，盐1/2小匙，姜末适量，高汤3大匙，植物油1大匙。

做法

1 将笋洗净，切成片，放入沸水中焯熟，捞出投凉。黄瓜洗净，切成与笋大小相仿的片。

2 锅烧热，加植物油，六成热时放姜末爆香，再放入笋片略炒，然后放入黄瓜片，倒入高汤，加盐调味，改大火翻炒几下即可。

柠檬蜜茶...

【烹饪时间】
15分钟

原料

柠檬两个，冰糖50克，蜂蜜50克，清水80毫升。

做法

1 柠檬用温水洗净，用刀切下一层，切成丝。

2 将柠檬外皮削去，去掉籽切成碎块。

3 将柠檬丝放进锅里加冰糖用大火烧开转小火不断搅拌直至冰糖融化，汤水黏稠即可关火。

4 在煮好的汤水里加入蜂蜜，撒入柠檬丝，冰镇后饮用。

油菜炒虾仁...

原料

虾仁、莴笋各100克，油菜150克，胡萝卜50克，葱花适量，盐1小匙，植物油1大匙，水淀粉两小匙。

做法

1. 将胡萝卜、莴笋洗净，切成长条。虾仁挑去虾线，洗净。油菜择净，用清水洗净。
2. 将胡萝卜条、莴笋条、虾仁、油菜用沸水焯3分钟，捞出投凉。
3. 炒锅烧热，加入植物油，六成热时放葱花爆香，放入胡萝卜条、莴笋条、虾仁、油菜，加盐翻炒均匀，出锅前用水淀粉勾芡即可。

冬菇挂面....

原料

挂面100克，冬菇、金针菇、油菜各10克，海带汤汁1/2杯。

做法

1. 将挂面煮熟，切成2~3厘米长的小段。
2. 将冬菇与金针菇切成小块。将油菜叶煮软后，切成3毫米宽小条。
3. 往锅中加入海带汤汁，将挂面、冬菇和金针菇依次加入，煮熟即可。

宝宝的健康餐

　　如何合理膳食才能保证宝宝正常发育，以及如何通过饮食调整，有针对性地提高人体某些营养素摄入量，这并非易事。从食物中摄取多少营养，包含着许多道理和学问。

过敏宝宝的健康餐

什么是过敏

食物过敏就是因摄取食物过程中导致过敏原物质免疫系统产生过多反应的现象。多数食物过敏的原因是因为蛋白质。蛋白质由200多种氨基酸构成，伴随着食物进入人体内然后通过消化器官被多种酵素吸收。但宝宝的消化器官尚未成熟，不能承受消化蛋白质的负担，从而导致了过敏的产生。

那些喝了牛奶就要拉肚子的宝宝，往往是因为体内缺乏乳糖酶导致的。而对草莓、番茄、茄子、巧克力、奶酪、青花鱼过敏的宝宝，往往是因为其中阿司咪唑成分过多。近来因为食品添加剂而导致过敏的情况也在增多。一旦对蛋白质形成过敏，就很难消除，所以至少应该在宝宝1岁以后才开始喂食。

何种情况下会出现食物过敏

宝宝因为消化器官不成熟，分解蛋白质的能力差，会对特定的食物产生过敏反应。通过了解各种食物的过敏症状和相应解决方法，从而能够安全地喂食宝宝。

消化器官尚不成熟的宝宝

未满3周岁的宝宝，消化器官一般都没有发育成熟，从而因食物引起过敏的概率就会很大。等到宝宝超过3岁最晚4岁时消化器官发育到和成人类似以后，大多过敏症状就会消失。

患有过敏症的情况

有些宝宝如果患有遗传性皮肤过敏症或者过敏性皮肤炎、哮喘等症更容易出现过敏现象。一般在这种情况下，处理的方法是若由特定食物引起的过敏症状，即刻停止食用该种食物。

具有家族性过敏史的情况

过敏体质很容易遗传。如果家族中有人有过因过敏生病的经历，那么这个家庭里的宝宝也很有可能因食物引起过敏。这种情况下，一般过敏症状很难消失甚至成人后会发展成其他过敏疾患。因此家族史上有过敏疾患的家庭要慎重使用辅食食材。

【了解是否为遗传性过敏的方法】

☐ 祖父母或叔父中有因过敏而生病的人
☐ 父母都有过敏史
☐ 父母中的一位或宝宝的兄弟姐妹们中有人有过敏史
☐ 总是揉眼睛
☐ 阳光照射下皮肤会出现凹凸视觉
☐ 躺下后用脸贴被子上有摩擦感
☐ 脱掉衣服后总感觉胸部发痒
☐ 后背部摸上去较粗糙

☐ 肩膀或者两臂皮肤摸上去粗糙
☐ 膝盖内侧及大腿皮肤较为粗糙
☐ 脚腕或脚背的皮肤较为粗糙
☐ 嘴边缘经常变红甚至龟裂
☐ 脸边界部分经常变红甚至龟裂
☐ 额头或者脸颊一部分变红且粗糙
☐ 眼圈周围变红且出现小颗粒，皮肤也变得粗糙

若是对照上表有3～4项符合，那就有遗传性皮肤炎的可能。如果超过5项符合，就应该去医院检查下，以便确诊。

 患有遗传性过敏宝宝的辅食添加速度

为了避免进食到加重遗传性皮肤炎食物的可能，开始添加辅食时应该谨慎减缓速度进行。以下介绍的是患有遗传性皮肤炎的宝宝的辅食添加速度，但不同的宝宝有个体的差异，应根据实际情况，慢慢地调节好食材的粗度和稀稠。

初次辅食添加开始于6个月，喂食磨好且筛过的稀米糊。若适应，可每间隔一天后添加一种易导致过敏的蔬菜于米糊里再喂。

7个月以后开始喂食磨成较大颗粒的黏稠米糊。可以尝试放少量的鸡肉或者牛肉在宝宝爱吃的蔬菜里面，如果没有异常反应就可正式添加肉类食物以补充铁。

8个月后开始喂食宝宝能感受到质感的中期阶段的稠粥，然后每隔一周添加一种新的食物。

9个月后可照一般辅食进行的速度，结束中期辅食阶段进入后期辅食阶段。

过敏症宝宝的饮食原则

　　如果父母怀疑宝宝患有遗传性过敏症或的确是过敏症宝宝，那么添加辅食时最好要慢慢地开始。一般在宝宝出生半年后开始最为理想，因为在这以前宝宝体内还不能充分产生保护肝脏的免疫物质，因而更加容易引起过敏反应。

小心使用受限制的食物

　　若是宝宝看起来像是患有遗传性过敏，那么最好将易引起过敏的食物直接从食材清单里剔除出去。因为这些食材会减低消化功能，诱发过敏反应，导致过敏症的加重。

　　不过只是消极地剔除掉那些可能引起过敏的食物也不是良策，因遗传性过敏症的宝宝饮食种类少，从而易于造成营养缺乏。实际上，即使是容易导致过敏的食物也未必是对每个宝宝都起作用的，同样，即使是患有遗传性过敏症的宝宝也不一定会对这些食物起反应的。还是应在具体使用过程中斟酌。

每次只用一种新材料

　　辅食添加一般从糊开始，添加新材料要每次添加一种。添加新材料后需要观察一周，如果没有异样再继续尝试另一种新材料。辅食中期以后可以喂食的种类变得多起来，但也需注意，不能一次性喂食多种。因为多种一起喂食，就很难找到过敏源。

食用水果、蔬菜需要煮熟

　　食物中的蛋白质经过蒸、煮、焯等烹调方式以后成分会发生很大变化，也就不再那么容易引起过敏。所以给宝宝吃的食物，包括水果、蔬菜等，刚开始时需煮熟后再行喂食。若是那些患有遗传性过敏症的宝宝，吃后没有其他不良反应，可以在10个月后喂食生的该种食材。

选用新鲜的应季食材

　　这并不仅是针对患有遗传性过敏症的宝宝。当下季节所需的营养素在应季的食材里含量是最多的，所以选用应季食材来汲取必需的营养素，使得免疫系统达到均衡。

灵活使用替代食物

鸡蛋→豆腐、鸡肉、牛肉
牛奶→鸡蛋、豆类、海藻
豆→鸡蛋、鸡肉、牛奶、紫菜、海带
面粉→米做的面包、粉丝、马铃薯、糕点
鱼→豆腐、豆制品、鸡蛋、牛肉、鸡肉
牛肉→鸡蛋清、白肉鲜鱼、鸡肉
鸡肉→牛肉、白肉鲜鱼
猪肉→牛肉、白肉鲜鱼

发疹出现即要停止喂食

　　一旦喂食新的辅食时出现了过敏反应，便要马上停止食用这种新材料。因患有遗传性皮肤炎的宝宝一般都会伴随呕吐和腹泻的现象，此时需要立即去找儿科医生诊治。

要尽量避免食品添加剂

　　加工食品时使用的防腐剂或者色素是导致遗传性过敏严重的主要因素。所以必须要控制饮食，避免喂食宝宝含有食品添加剂的经加工食品、速冻食品或者快餐。

易引发过敏的食品

　　预防过敏首先要从认识容易引起过敏的食物开始。那么哪些食品容易引发过敏呢？怎么喂食才算安全呢？

【虾】

　　这种甲壳类食物最容易引起过敏，而且很有可能持续一生。所以必须要注意。一般可在满周岁后喂食，如果患有遗传性皮肤炎则要等宝宝两周岁后再喂食。

【花生】

　　花生容易卡在喉咙导致窒息，所以最好晚点喂食，有无过敏都应在3岁以后喂食。首次喂食应研碎后再喂，若无异常则每次添加一粒喂食。

【番茄】

　　1周岁后喂食为佳。过敏的宝宝应推迟到18个月后再喂食。首次喂食应用开水烫后去皮除籽较为妥当。

【牛奶】

　　里面含有不容易被宝宝吸收的不同于母乳或配方奶的蛋白质，并可能引起宝宝腹泻或者发疹子等过敏症状。最好在断奶后再开始喂食。

【橙子、橘子】

　　1岁后再喂食这类不易消化且易导致过敏的水果。有过敏症的宝宝最好18个月后再喂食。先喂食鲜榨汁，如无异常后再喂果肉。保险起见，将果汁和水按1∶1的比例稀释后再喂食。

【鸡蛋清】

肠胃功能不全的、未满周岁的宝宝不能分解鸡蛋中的蛋白质，因此容易产生过敏反应。尤其蛋白比蛋黄产生过敏的可能性更高，所以若是过敏体质最好等到两岁以后再喂食。

【草莓】

草莓籽可能会刺激肠胃导致过敏，并含有阿司咪唑等易导致过敏的成分。故宜在周岁后再喂食。若是过敏儿应在18个月后再喂食。首次喂食取用少量，并且去掉带籽的表层。

【赤豆】

其自身含有较多不易消化的纤维素，容易刺激宝宝的肠道导致过敏。若是那些总因消化器官虚弱而腹泻的易敏儿应该从18个月后再喂食。1岁以后可以混入饭内喂食。

【蜂蜜】

不要喂食1岁以前的宝宝，以免引起过敏。添加含有蜂蜜的食品也需注意。因为甜味过大，喂食时最好用水稀释，或者替代白糖少量使用。

【茄子】

吃多了会产生跟过敏类似的症状，引起接触性皮炎。正常的宝宝可以从1岁后喂食，过敏体质的宝宝应从18个月后喂食。1岁后，喂食时先用植物油烹调，喂少许观察反应。

【猕猴桃】

猕猴桃表面的毛和里面的籽易引发过敏。最好两岁以后喂食。首次喂食应去皮剥好后用水冲服，然后取1/4果肉喂食。

辅食正餐期食谱

白菜粥...

【烹饪时间】
20分钟

原料

大米粥1碗，白菜叶1/4片，水1/2杯。

做法

1 白菜叶洗净后把茎去掉，只取嫩叶，放入沸水中焯一下，然后捞出来切成碎末。

2 把大米、白菜叶末和水放入锅里用大火边搅边煮即可。

南瓜黑芝麻粥...

【烹饪时间】
20分钟

原料

大米粥1碗，小南瓜10克，黑芝麻1小匙，紫菜1片，清水2/3杯。

做法

1 把小南瓜洗净后切成小块，去掉小南瓜籽，只取出果肉部分再研磨。

2 黑芝麻洗净后晾干，再用锅炒一会儿，然后放入粉碎机研磨成粉末。

3 选新鲜的紫菜，用火烤一会儿，再放到塑料袋里捏碎，做成紫菜粉。

4 把大米粥、南瓜泥和清水放锅里用大火边搅边煮。

5 当水开始沸腾时把火调小，再把黑芝麻粉和紫菜粉放锅里继续煮。

鳕鱼豆腐饭...

【烹饪时间】
40分钟

原料

米饭40克，鳕鱼20克，豆腐10克，菜花、胡萝卜各5克，清水1/2杯，香油1/2匙。

做法

1 鳕鱼洗净后蒸一会儿，去掉鱼刺只取鱼肉部分，再切成适当大小的肉丁。

2 豆腐用凉水浸泡20分钟左右，切成适当大小的块，放入沸水中焯一下，捞出来控水后再研磨成碎末。

3 菜花洗净，只取有花朵那一部分放入沸水中焯一下，切成0.3厘米的小粒。

4 胡萝卜削皮后洗净，放入沸水中焯一下，切成0.3厘米大小的粒。

5 锅里放点香油，把加工好的鳕鱼、豆腐、菜花和胡萝卜放锅里翻炒一下，再把蒸好的饭和少量的水加到锅里继续煮一会儿。

海带小银鱼饭...

原料

米饭50克，小银鱼、海带各10克，胡萝卜10克，香油、芝麻盐各少许。

做法

1 小银鱼用凉水浸泡，把里面的咸味儿去掉，然后控水放到没有油的锅里炒，将鱼肉部分用粉碎机研磨。

2 海带用凉水泡20分钟后，清洗几次去除腥味，在沸水里煮一会儿，捞出来后切成0.3厘米大小的粒。

3 胡萝卜削皮后洗净，在沸水里煮一会儿，切成0.3厘米大小的粒。

4 把已蒸好的饭、加工好的小银鱼、海带和胡萝卜放碗里，再用香油和芝麻盐做成调料搅拌即可。

馄饨...

原料

馄饨皮10张，猪肉末1匙，冬菇末1匙，盐、水淀粉各少许，骨头汤适量。

做法

1 将猪肉末、冬菇末、盐搅在一起做成馄饨陷儿。

2 用筷子将肉馅儿放在馄饨皮上，用示指、无名指、拇指同时屈起捏拢面皮四角，呈四角菱形状即可。

3 锅置火上，将骨头汤烧开，放入馄饨煮熟即可。

三味鸭肉粒...

原料

鸭胸脯肉100克，胡萝卜1/5根，青豆20克，马铃薯1/2个，鲜汤、盐、葱、姜、水、盐、蛋清和淀粉各适量。

做法

1 鸭胸脯肉去皮，剁成肉泥，加葱、姜、水、盐、蛋清、淀粉，拌匀打透，放入盘里蒸熟。

2 马铃薯、胡萝卜切粒，青豆剁碎。

3 锅置火上，将马铃薯、胡萝卜粒、青豆末一起入锅煮熟，再加入鲜汤烧滚，加入鸭胸脯肉粒，煮滚，加盐、水淀粉勾芡即可。

胡萝卜炒肉...

【烹饪时间】
10分钟

原料

瘦猪肉100克，胡萝卜1/4根，植物油5克，香菜、淀粉各适量，酱油少许，葱、姜末少许。

做法

1 胡萝卜洗净，切丝，瘦猪肉切丝，加入淀粉拌匀，香菜切成末。

2 锅置火上，加入植物油烧热，放入葱、姜末炝锅，再放入肉丝炒散，放胡萝卜丝煸炒。

3 锅里加入酱油少许，炒熟后加入香菜末即可。

胡萝卜鸡茸豆腐羹...

【烹饪时间】
30分钟

原料

鸡胸脯肉25克，胡萝卜1/5根，豆腐1/2块，植物油、盐、水各少许，鸡汤、水淀粉各适量。

做法

1 鸡胸脯肉剁成茸，加入少许清水、盐、水淀粉拌成糊状；胡萝卜剁成泥，豆腐切成丁。

2 锅置火上，让植物油烧热，放入鸡汤，加盐烧开，再放入鸡茸、胡萝卜泥、豆腐丁，烧开，用水淀粉略勾芡即可。

患病宝宝的健康餐

感冒

宝宝最常患的病就是感冒。由病毒感染而引起的发热、咳嗽、流涕或鼻塞是很常见的，有时还会同时伴有呕吐或腹泻等症状。宝宝患上感冒后，消化能力会减弱，不爱吃东西，这时候应补充充足的水分和高热量、高蛋白、高维生素的食物。

要补充充足的水分

发热时体内的水分就会流失，体力消耗也会非常大，因此要多给宝宝食用能够补充热量和水分的辅食。如果宝宝有发热表现，但食欲仍然不错，也没有腹泻的症状，就不要更换食物。但如果宝宝因为高热而不愿吃东西，甚至腹泻，这时补充水分就是很重要的。

除了母乳或配方奶外，烧开后凉凉的米汤等也要经常给宝宝喂食。

增加高蛋白质食物的摄入量

患上感冒后，活动量虽然会减少，但是为了和病毒作斗争，代谢量会增加，对热量的需求量也会增加。而且在体内要合成大量的可以抵抗感冒病毒的免疫球蛋白，所以需要摄取充足的营养。但是患上感冒的宝宝大部分都不爱吃东西，所以高热量食物要每次少量，分多次食用，而且为了不刺激嗓子，食物不可太烫，材料也要比平时切得更细一些。富含蛋白质的食物包括易消化的豆腐、鲜鱼、鸡胸脯肉、牛肉、鸡蛋黄等。

给宝宝补充充足的维生素

维生素包括胡萝卜素、维生素B_1、维生素C等，可以提高免疫力，因此，可以根据宝宝的月龄来选择富含维生素的材料制作辅食。

【营养素】	【食材】
富含胡萝卜素的食物	胡萝卜、地瓜、菠菜、南瓜、菜花、番茄、黄瓜、芹菜
富含维生素B_1的食物	糙米、大麦、马铃薯、蔬菜、猪肉、鲜鱼、板栗
富含维生素C的食物	马铃薯、板栗、黄瓜、卷心菜、青椒、豆芽、菠菜、萝卜、苹果、枣、柿子、橘子

针对感冒宝宝的有利食物

【食物名称】	【功效】
马铃薯	给经常易疲劳、小病不断的宝宝食用。马铃薯中的维生素B_1和维生素C复合剂可以提高免疫力，预防感冒，消除炎症
菜花	特别是β－胡萝卜素和维生素A含量很高，有助于增强免疫力。最近有报道表明菜花中含有的维生素有利于胃溃疡、慢性胃炎等疾病的治疗。菜花富含的维生素C、胡萝卜素以及钾、镁等人体不可或缺的营养成分，长期食用可以有效减少心脏病的发生概率，同时菜花也是全球公认的最佳抗癌食品，对宝宝的生长发育及免疫力的提高也有帮助。维生素C含量是柠檬的两倍，是马铃薯的8倍，可以提高对疾病的免疫力，而且富含钙、铁等无机元素，是增强体质的好帮手
卷心菜	可以暖体，促进新陈代谢，通肠通胃，由于含有大量的必需氨基酸之一的赖氨酸，而且含钙量高，所以对处于生长期的宝宝是非常好的。并且富含维生素C，也有助于预防感冒
胡萝卜	是典型的黄绿色蔬菜，其中富含的胡萝卜素能够增强对病毒的抵抗能力
甜南瓜	可以暖腹、提高胃功能，从而促进食物的消化吸收。富含胡萝卜素，可以增强对病毒的抵抗力；富含维生素和矿物质，可以促进新陈代谢
鸡肉	肉质细腻、鲜嫩，易于消化和吸收。因为鸡汤中的铁成分和必需氨基酸对生长期的宝宝非常有利，不饱和脂肪酸还有助于预防癌症、心脏病和动脉硬化。在宝宝身体虚弱、生病、消化功能减弱或食欲缺乏的时候食用鸡肉最好

木瓜茶...

【烹饪时间】
40分钟

原料

木瓜浓缩液1大匙，清水50毫升，白糖适量。

做法

1 将木瓜洗净，剥皮后切成薄片，备用。

2 在玻璃瓶里将木瓜与白糖按1：1的比例调匀后，在常温内放2～3周的时间，再在冷冻室保存木瓜浓缩液。

3 在开水里放入木瓜浓缩液冲泡后即可。

葱白粥...

【烹饪时间】
10分钟

原料

葱白5小段，大米粥200克，香米醋5毫升。

做法

1 取连根葱白5根，洗净后切成小段。

2 在大米粥中加入葱段，继续煮粥。

3 粥将熟时，加入香米醋5毫升，稍搅即可。

苹果酸牛奶...

【烹饪时间】
5分钟

原料

苹果1/2个，酸牛奶3大匙。

做法

1 将苹果洗净后去除皮和籽，切成小块儿，备用。

2 将苹果放入榨汁机里，再放入酸牛奶后搅碎即可。

生姜粥...

【烹饪时间】
15分钟

原料

大米粥1碗，切片的生姜15克，清水200毫升。

做法

1 生姜用纸包6～7层后，再用铝纸包好烤成黄色。

2 将铝纸和纸剥开后把生姜切成小片，备用。

3 将大米粥、生姜、清水一起入锅煮开即可。

橘皮茶...

【烹饪时间】
15分钟

原料

橘子皮20克，蜂蜜适量，清水200毫升。

做法

1 干橘皮洗净加水，熬到水量变成1/2。
2 在橘子皮水里放入蜂蜜即可。

白果红枣茶...

原料

白果、干红枣各10个，清水150毫升。

做法

1 把白果的表内皮豆剥开，去除干红枣的核后切碎。
2 锅里放入红枣和清水小火熬60分钟，熬好的汤代替饮料随时喂食。

【烹饪时间】
60分钟

白萝卜瘦肉粥...

原料

白萝卜1/5根，瘦肉50克，大米粥1碗，姜、葱、盐各少许。

做法

1 先把白萝卜、瘦肉切成丁，将姜、葱切成末。
2 锅置火上，锅里放清水烧开，再放入姜末、瘦肉丁、白萝卜丁。等熬开后，再装小火。
3 粥熬30分钟时加少许盐即可。

【烹饪时间】
60分钟

陈皮粥...

原料

大米粥1碗，陈皮两片，白糖适量。

做法

1 陈皮用清水洗净。

2 锅置火上，将大米粥煮沸后加入陈皮，不时地搅动，用小火煮至粥稠，加白糖调味即可。

腹泻

宝宝腹泻的原因有很多种，可能是因为感冒，或是太早开始食用流食，或吃的食物太多了，也可能是因为食物过敏或细菌感染。如果拉得像水一样严重，或伴随着黏液的情况，必须尽早接受医生的治疗。针对婴儿腹泻的特征，预防因为腹泻而引起的脱水，通过容易消化的食物来恢复胃口。

准备易消化的食品

因为腹泻而让宝宝挨饿是不明智的选择，当症状减轻而且宝宝也爱吃食物的话，可以提前流食的阶段来做成容易消化的温和的食物。流食中大米粥是很好的选择。当腹泻症状减退的时候，可用栗子、香蕉或苹果等食物来做流食，当症状停止的时候，用纤维素少的菜或豆腐、白肉海鲜等刺激性小的食品来做。

有利于治疗腹泻的食物

大米粥、栗子、马铃薯、香蕉、纤维素少的蔬菜、豆腐、白肉海鲜、蘑菇、白菜、生姜。

要防止脱水

不管是疾病引起的，还是经常拉很稀的便，如果宝宝持续腹泻会让体内失去过多水分。而且一天10次以上腹泻便会引起脱水症状，建议多喂宝宝大麦茶或稀糊状的食物来防止脱水。

针对腹泻宝宝的有利食物

【食物名称】	【功效】
糯米	因为比粗粮易消化，在消化功能弱或身体受凉的时候食用，可以加强体力，改善呕吐和腹泻。但是在上火的时候吃太多反而更不容易消化，所以要看情况食用
红枣	保护五脏六腑、消除疲劳、恢复元气、强健衰弱的胃脏和消化器官。生红枣含有很多维生素C；干红枣含有大量糖脂、铁和钙，还能作为补血的药材在体内产生水分和黏液，对于提高食欲、安定神经、治疗腹泻和贫血有奇效
马铃薯	有充足的钾，可以预防脱水且提高消化功能，有助于腹泻的宝宝食用
白肉海鲜	肉质温和且脂肪含量少，有蛋清的味道，而且含有很多蛋白质、维生素、各种无机盐，是补充因腹泻而损失掉的营养的好食品

小米粥...

【烹饪时间】
10分钟

原料

小米两匙，红枣5个，冰糖、清水各适量。

做法

1 红枣提前用水泡软。

2 小米洗干净，放入适量清水，再加上红枣。大火烧开后，转小火煮。

3 等小米变软后，加入冰糖再煮10分钟即可。

胡萝卜烩豆角...

【烹饪时间】
40分钟

原料

豆角200克，胡萝卜1/3根，蒜两瓣，植物油、盐、高汤各适量。

做法

1 豆角斜切成小条，蒜切片。

2 胡萝卜洗净，去皮，切细条。

3 锅置火上，放入植物油，用蒜片爆香，加入豆角、胡萝卜，加盐翻炒1分钟后，加少量高汤，用中火焖5分钟即可。

营养糯米饭...

【烹饪时间】
40分钟

原料

大米40克，豌豆20粒，胡萝卜、糯米、冬菇各10克，大米饭1碗，清水100毫升，牛肉汤适量。

做法

1 将糯米泡两小时。豌豆放入沸水里烫一下再剥皮压碎。

2 将胡萝卜剥皮，切碎，把冬菇的根部去除，切碎。在锅里放入大米、泡糯米和豌豆，并用泡豌豆的水做烂饭。

3 在烧热的锅里放入胡萝卜、冬菇后炒一下，放入大米、糯米饭和牛肉汤再煮一次。

胡萝卜热汤面...

【烹饪时间】
20分钟

原料

洋葱1/3个，猪肉50克，胡萝卜1/3根，高汤、植物油、精盐各适量。

做法

1 将胡萝卜、洋葱去皮，切片；猪肉切片，加盐调味。

2 锅内倒少许油，胡萝卜炒香，加入高汤，煮开。

3 加入肉片，打散开来。放入洋葱、盐调味。

4 另起锅，将面条煮好后和汤装入碗中即可。

乌梅汤...

【烹饪时间】
40分钟

原料

干乌梅5个，陈皮2片，甘草、山楂干各2克，清水、冰糖各适量。

做法

1 将干乌梅、陈皮、甘草、山楂干一同放入小锅中，加清水没过材料一指即可，浸泡10分钟，水变成浅棕色后把水倒掉。

2 控干水分后，倒入600毫升的清水，把冰糖放入锅中，大火煮开，稍微打开盖，继续用小火煮15分钟。

豌豆布丁...

【烹饪时间】
30分钟

原料

豌豆20克，地瓜30克，胡萝卜5克、鸡蛋黄1个，牛奶50毫升。

做法

1 豌豆放入沸水里烫后剥皮切碎。

2 将地瓜蒸一下剥皮在热的状态下压碎，将胡萝卜削皮压碎。

3 在蛋黄里放入牛奶后搅和后再放入豌豆、地瓜、胡萝卜搅和。

4 在布丁框里倒入豌豆、地瓜、胡萝卜后放入蒸汽桶里蒸10分钟直到变柔和即可。

韭菜粥...

【烹饪时间】
20分钟

原料

大米粥1碗，韭菜15克，清水200毫升。

做法

1 将韭菜清洗干净切小段。
2 在锅里放入大米粥、韭菜、清水煮一会儿即可。

小米山药粥...

【烹饪时间】
30分钟

原料

山药1/5根，小米两匙，白糖少许。

做法

1 将山药洗净捣碎。
2 锅置火上，将山药和小米一起放在锅里煮成粥，加点白糖即可。

姜丝鸡蛋饼...

【烹饪时间】
30分钟

原料

鸡蛋1个，姜10克，面粉少许。

做法

1 将鸡蛋敲开个小孔，沥出蛋清，留蛋黄；姜切成细丝。
2 蛋黄、少许面粉和姜丝和在一起压成饼，上屉蒸熟即可。

牛肉南瓜粥...

【烹饪时间】
40分钟

原料

大米两匙，糯米1匙，洋葱1/4个，牛肉30克，南瓜20克，香油少许，高汤适量。

做法

1 将大米和糯米泡软；牛肉煮熟后剁碎；洋葱剁碎。南瓜碾成泥。
2 将高汤、大米、糯米放在锅里熬成粥，放入牛肉、洋葱、南瓜，最后淋点香油即可。

栗糊膳...

【烹饪时间】
20分钟

原料

栗子5个，白糖、清水各适量。

做法

1 将栗子去壳捣烂，加清水煮成糊状。
2 加白糖调味即可。

时鲜果泥...

【烹饪时间】
10分钟

原料

哈密瓜、香瓜各50克，香蕉1/3根。

做法

1 将哈密瓜、香瓜、香蕉洗净去皮。
2 用汤匙刮取水果的果肉，然后碎成泥状即可。

便秘

便秘不仅是指单纯的排便次数减少，还包括排便时有疼痛感，不愿排便等情况。比起母乳，喂配方奶的宝宝更容易引起便秘。不要因为宝宝排便不畅就过分紧张，先检查一下辅食的食谱，然后再思考一下改善方法。通常，只要改变一下饮食内容就可以使症状得到缓解。

少食用容易引起便秘的食物

水果和蔬菜中有一些是可能引起便秘的食物。香蕉和柿子中含有大量的丹宁酸，它可以使大便变硬。生的苹果和胡萝卜虽然没有问题，但如果煮熟后食用就有可能引起便秘。此外，牛奶、酸奶、奶油或冰激凌这样的乳制品中虽然含有大量的钙和蛋白质，却不含纤维素，所以食用过多的话，也可能引起便秘。（处于成长期的宝宝1日建议摄取量：以牛奶为准，约为400毫升）。

多食用富含纤维素的食物

便秘分两种，一种是由于肠道蠕动能力下降而引起的常规性便秘，这与肠道蠕动过强有关，另一种是大便一块一块断裂的痉挛性便秘。如果患的是常规性便秘则要从蔬菜和谷类中摄取大量的不溶性膳食纤维。如果患的是痉挛性便秘最好从水果、海藻、魔芋中摄取丰富的水溶性膳食纤维。

食用水果时不要只饮用果汁，要把果肉磨细，或切成小块给宝宝食用，这样才能摄取到所需的纤维素，但是如果突然增加纤维素的摄取量可能会引起腹部肿胀，或者不断排气，所以要慢慢地进行，而且要充分摄取在食物代谢中所必需的维生素B_1。

【营养素】	【食材】
富含不溶性膳食纤维的食物	地瓜、燕麦片、菜花、豌豆、菠菜等蔬菜类
富含水溶性膳食纤维的食物	苹果、海藻类、燕麦、豆类、大麦等
富含维生素B_1的食物	芝麻、糙米、豆粉、豌豆、杂粮、番茄等
富含维生素B_5的食物	谷类、鸡蛋、蘑菇、小麦胚芽等

供给充足的水分

如果平时饮水充足，对预防和缓解症状是非常有利的，每日要饮用5杯以上的水。但是市场上销售的果汁对便秘并没有什么帮助。

针对便秘宝宝的有利食物

【食物名称】	【功效】
地瓜	地瓜中富含的纤维素酶由于吸收水分的能力非常强，所以可以增加大便量，从而改善便秘的症状。切地瓜时流出的白色的黏液成分有助于缓解排便疼痛
菠菜	富含皂角苷和纤维素，有助于改善便秘，并且含有大量的铁元素和叶酸，对贫血和癌症的预防也是非常有效果的。需要注意的是，制作辅食时如果煮得过久，菠菜中的维生素C、叶酸及β－胡萝卜素等会被破坏，所以煮的时间最好控制在3分钟之内
苹果	苹果中的果胶会促进肠道蠕动，在肠壁上生成一层胶状膜，这层膜可以防止吸收毒性物质，从而预防便秘。苹果中的果糖和葡萄糖的消化吸收快，可以马上供给能量，所以对于消除疲劳是非常好的
梨	梨中的消化酶较多，所以有利于消化和排便。美中不足的是，梨性寒，所以消化能力较弱、经常腹泻、呕吐、身体较凉的宝宝最好不要食用

松子薏米粥...

【烹饪时间】
30分钟

原料

大米粥1碗，松子10克，薏米粉1小匙，清水100毫升。

做法

1 大米与松子一起磨好。

2 锅里放入水后待粥泡开再煮一遍。火势减弱，粥泡开后再煮一次。

胡萝卜煮蘑菇...

【烹饪时间】
25分钟

原料

胡萝卜1/4根，蘑菇50克，黄豆30克，西蓝花35克，植物油、盐各1小匙，白糖1/2小匙，清汤适量。

做法

1 胡萝卜洗净，去皮切成小块，蘑菇切块，黄豆泡透蒸熟，西蓝花掰成小块。

2 热锅下油，放入胡萝卜、蘑菇翻炒数次，注入清汤，用中火煮。

3 待胡萝卜块煮烂时，放入泡透的黄豆、西蓝花，放入盐、白糖，煮透即可。

清炒苦瓜丝...

【烹饪时间】
15分钟

原料

苦瓜100克，香油1匙，盐、白糖各1小匙，蒜1瓣。

做法

1 将苦瓜洗净去瓤，切成丝，先放入开水中焯一下，再放入凉开水中过凉后捞出；蒜切碎成蓉。

2 将苦瓜丝挤去水分，放入盘内，放入盐、白糖、香油、蒜蓉，拌匀即可。

卷心菜粥...

【烹饪时间】
40分钟

原料

大米粥1碗，牛肉15克，卷心菜5克，清水15毫升。

做法

1 牛肉切小块，卷心菜的粗心去除后切小块。

2 在锅里炒牛肉后放入卷心菜一起炒。

3 锅里放入大米粥，在沸腾时把火势减弱，放入牛肉和蔬菜后再煮一会儿即可。

萝卜汁...

原料

萝卜1/4个。

做法

1 将削皮后的萝卜磨好后包在麻布里压出汁。
2 萝卜汁在喂完奶时或宝宝饭后每次有规则地喂30毫升。

蒸地瓜...

【烹饪时间】
30分钟

原料

地瓜1个。

做法

1 将地瓜洗净。
2 然后放入蒸锅里蒸后剥皮压碎。

银耳橙汁...

【烹饪时间】
15分钟

原料

银耳15克，橙汁100毫升。

做法

1 将银耳洗净泡软。
2 锅置火上，将银耳放碗内置锅中隔水蒸煮。
3 在银耳中加入橙汁即可。

胡萝卜黄瓜汁...

【烹饪时间】
40分钟

原料

黄瓜1/2根，胡萝卜1/3根，白糖少许。

做法

1 将黄瓜、胡萝卜切小块。

2 在榨汁机里加入少量矿泉水，然后加入黄瓜、胡萝卜块榨汁。

3 加少许白糖即可。

香蕉奶味粥...

【烹饪时间】
20分钟

原料

配方奶粉4匙，大米烂粥1碗，香蕉1根，葡萄干10粒。

做法

1 将葡萄干切碎。香蕉捣成泥。

2 将配方奶粉倒入煮好的大米烂粥里搅匀。

3 将香蕉加入奶粥里，撒上葡萄干碎末即可。

菠菜梨稀粥...

【烹饪时间】
15分钟

原料

大米两匙，菠菜1根，梨1/3个，清水适量。

做法

1 将大米在水里浸泡一阵儿。把菠菜在热水里烫一下，磨碎；梨去皮、去籽磨成泥。

2 锅置火上，在泡好的大米里加水煮成粥。

3 粥里放入菠菜、梨，煮好后用筛子过滤一下即可。

菠菜汤面...

原料

面条50克，菠菜1根，植物油、高汤各适量，酱油、盐、葱、香油各少许。

做法

1 锅置火上，将植物油放在锅里，放葱花爆香，加入酱油、盐翻炒。

2 锅里倒入高汤，开锅后放入面条，面条煮烂滴上香油即可。

大米马铃薯粥...

【烹饪时间】
30分钟

原料

大米两匙，马铃薯1/2个，清水适量。

做法

1 将大米洗净。将马铃薯洗净去皮，切成小块。

2 锅置火上，将大米和马铃薯放入锅内，加适量清水烧开，用小火煮至大米和马铃薯烂熟即可。

菠菜鸡蛋汤...

原料

鸡蛋1个，菠菜1根，高汤适量，笋片30克，盐、水淀粉各少许。

做法

1 将菠菜洗净。鸡蛋打散搅匀。

2 锅置火上，加入高汤，将菠菜、笋片、盐一同放入锅里。锅烧开后将鸡蛋液倒入搅拌，汤在烧开后用水淀粉勾芡即可。

【烹饪时间】
10分钟

烧菜心...

原料

白菜心1根，笋片50克，植物油、高汤各适量，葱花、盐、水淀粉各少许。

做法

1 将白菜心、笋片洗净后切成小段，在开水中焯一下。

2 锅置火上放入植物油，油热后用葱花爆香，再放入高汤。随后放入白菜心、笋片，锅开后放盐，再用水淀粉勾芡即可。

【烹饪时间】
25分钟

提高抵抗力的健康餐

营养均衡才能提高抵抗力

良好的免疫能力是决定宝宝健康与否的最大关键，而营养摄取的均衡完整与否，则是维持免疫力的重点！

什么营养素能增强免疫机能

蛋白质、维生素A（及β－胡萝卜素）、B族维生素、维生素C、维生素E、矿物质中的铁、锌、硒等都是维持免疫机能不可或缺的营养素。摄取全谷类食品，充足的蔬菜水果、黄豆制品，适量的奶、蛋、鱼、瘦肉，即能使上述的营养摄取充足。此外，酸奶、苦瓜、大蒜、洋葱等食物，也被认为与提高免疫力有关。

摄取过量的脂肪（尤其是适量的不饱和脂肪酸），糖、酒精会降低免疫机能，还会增加消耗有利免疫系统的营养素，减弱免疫细胞的功能，甚至抑制其他营养素的吸收，所以油炸食品、零食、汽水、可乐等"垃圾食物"都可以列入黑名单。

营养不良的危害

为预防宝宝感冒，父母除了注意衣着是否保暖、卫生习惯是否良好外，更应注意宝宝是否蔬菜水果吃得太少，而零食、炸鸡、可乐等西式速食吃得太多。

营养不良及不均衡时，整个免疫系统会衰弱，导致肺和消化道黏膜变薄、抗体减少，增加病原体入侵成功的概率。因此营养不良者不但容易感冒，也容易腹泻（这更加重了营养不良的情形），甚至血液感染（如败血症等）。

小至感冒，大至癌症，都与免疫能力有关！知道要如何帮小宝贝增加这支私人军队的战斗力及士气了吗？知道就努力去实行吧！

☆小提示☆

营养所扮演的角色，除了供应机体发育之外，就是适时适地地提供充足的战略物资给免疫系统。因为细菌及病毒会繁殖，如果刚侵入时无法即时消灭或控制，就会大量滋生、破坏细胞，造成生病的症状。因此如何凭借饮食，提供人体防卫军的作战所需，是我们日常生活中重要的课题之一。

提高宝宝抵抗力的食物

【食物名称】	【功效】
菠菜	富含维生素A、B族维生素、维生素C、维生素D、铁、钙、锰及蛋白质。维持视力、加强细胞组织的活性、增进抵抗力及预防幼儿贫血。根部红色部分含有助骨骼成长的锰，可千万别舍弃浪费
马铃薯	马铃薯中的钾含量丰富，素有"钾国王"之称，钾有保持体内盐分平衡的作用，能预防感冒，有助肝脏机能；若担心宝宝吃太咸或口味太重时，不妨让他多喝一点马铃薯汤。要注意马铃薯的凹处有无隐芽，若长芽后会产生毒素（龙葵素），食用后易引起中毒
山药	富含维生素C、维生素B_1、钾。对调节身体机能、增强体力有很大的功效。另能消炎、祛痰、止咳，对预防婴幼儿过敏、改善气管炎亦有很大帮助。挑选时要选表皮无裂痕且重量较重的
白萝卜	维生素A、维生素C、维生素E、钾、钙。白萝卜的根部含有许多淀粉酶，能促进淀粉的消化及养分吸收。萝卜表皮富含的维生素C约为肉质部分的两倍，最好能洗净一起煮
南瓜	富含维生素C、维生素E、维生素A、钙。维持体内电解质，维护视觉，保护上皮组织，促进骨骼发育，改善幼儿生长迟缓，提高免疫力。南瓜本身就有很重的甜味，因此无需加太多调味料
冬菇	富含维生素D、维生素B_1、维生素B_2及烟酸。促进幼儿钙质吸收，消暑解热。促进体内新陈代谢，使体内积存的废物得以顺利排除。选购时要选蘑伞表面光泽且无破损的
番茄	维生素A、维生素C、维生素B_1、钾。促进婴幼儿钙质吸收，强化骨骼，抗坏血病，保护皮肤健康，防治小儿佝偻病、夜盲症等

【食物名称】	【功效】
莲藕	富含维生素C、维生素B$_1$、钾。莲藕富含的维生素C，相当于柠檬的2/3，而切莲藕时会拉丝是一种叫黏蛋清的糖蛋白质，有滋补养身的作用。宝宝发热口干时可连皮加水一起打成汁，有止渴作用
苹果	富含维生素A、B族维生素、维生素C、钾。有"果中之王"的美称，能促进新陈代谢，调节生理机能，是天然的止泻剂，可有效调理宝宝的肠胃。太新鲜的苹果易有涩味，买回后不妨放几天再吃
葡萄	富含维生素C、铁、镁。维生素C和铁有助健胃整肠、排除毒素，补充铁元素预防贫血，增强体力的效果。宝宝吃葡萄时，要特别注意，别误吞入葡萄籽了
香蕉	富含维生素A、B族维生素、维生素C、维生素E、维生素P、钾、镁、钙、磷。可刺激胃肠蠕动，畅通排泄，含多种维生素和矿物质及纤维，适合宝宝食用，协助排气和缓解积滞，改善便秘现象。宝宝感冒发热时可多吃香蕉，有助解热退热。
梨	富含维生素B$_1$、维生素B$_2$、维生素C、烟酸。改善小儿心肺火盛所致的久咳多痰、声音沙哑、烦躁不安、食欲缺乏。
草莓	富含B族维生素、维生素C、磷、铁、钙。提供有机酸、维生素C等，保护结缔组织、体质和血管健康，增进食欲。草莓上的农药较多，食用前要用大量冷水冲洗及盐水浸泡
西瓜	富含维生素A、维生素C、钾。具利尿功能，促进新陈代谢。西瓜皮下的白色部分营养成分高，千万别跟皮一起丢掉
鸡蛋	富含维生素A、维生素B$_2$、维生素D、铁。提供完全、优质的蛋白质，含有大量卵磷脂，与脑智力发育有相当大的关系。不喜欢吃蛋黄的宝宝，最好用蒸蛋的方式食用

【食物名称】	【功效】
牛肉	富含B₁、维生素B₂、维生素C及蛋白质。含完全蛋白质，提供人体所需的氨基酸、铁元素，利于宝宝吸收，滋养脾胃，强健筋骨。煮牛肉时要注意其软硬度及大小，体积太大会太硬，宝宝会嚼不动的
虾	富含维生素D。强化宝宝之筋骨，健胃补肠，提供丰富的蛋白质、维生素及矿物质等，并促进牙齿及骨骼健全，增进对疾病的抵抗力。虾的新鲜度很重要，如果经济许可的话，最好买活虾
猪肉	富含维生素B₁、维生素B₂、钙、磷、铁，为宝宝钙质的主要来源之一，与身体各种细胞及器官组织的健康有密不可分的关系。猪排骨煮汤可补充宝宝需要的钙质
鳕鱼	富含维生素A、维生素B₂、维生素D、钙。含有丰富油脂、蛋白质、钙质，有利宝宝吸收，增加抵抗力。清蒸鳕鱼最适合成长中的宝宝食用
海带	富含维生素B₁、维生素B₂、钾、钙。促进幼儿甲状腺功能健全，促进人体新陈代谢，增强抵抗力。挑海带时要选叶片厚实有弹性的
奶酪	富含维生素A、维生素B₂、钙、蛋白质。含多种矿物质及蛋白质、脂肪等重要营养素，提供婴幼儿成长、调节新陈代谢的必要成分，含牛奶鲜活的营养，预防骨质疏松，强化婴幼儿钙质吸收。可到超市买卡通模型做成的奶酪给宝宝吃
红豆	富含维生素A、B族维生素、维生素C。含丰富维生素，促进幼儿成长发育所需。冬天可煮红豆稀饭给宝宝当正餐食用
绿豆	富含维生素B₁、磷、铁、钾。促进心脏活动功能，有婴幼儿成长所需的氨基酸、蛋白质。选购绿豆时要选色泽鲜亮皮薄的

提高宝宝抵抗力的食谱

蔬菜肉卷...

【烹饪时间】 30分钟

原料

豆角3个，胡萝卜20克，薄猪肉片4～5片，清水200毫升。

做法

1 将猪肉片洗净，豆角洗净，撕除老筋后切成小段；胡萝卜洗净，去皮后切条。

2 猪肉片分别摊开，放入适量豆角与胡萝卜，调好口味，包卷起来，放入电锅中蒸熟。

3 在电锅里加清水蒸至开关跳起即可。

银鱼白菜羹...

【烹饪时间】 25分钟

原料

白菜100克，银鱼20克左右，胡萝卜1根，盐、淀粉各少许，高汤适量。

做法

1 将大白菜切丝用油炒软，加盐、高汤烧开，胡萝卜刨丝同烧。

2 待大白菜、胡萝卜软烂时，将银鱼加入同煮至熟软，淀粉勾芡即可。

菜香煎饼...

【烹饪时间】
15分钟

原料

油菜30克，胡萝卜15克，低筋面粉20克，鸡蛋1个，植物油两小匙，盐少许，水适量。

做法

1 将油菜及胡萝卜清洗干净后切丝。

2 将低筋面粉加入蛋清及少量的水，搅拌均匀，再放入油菜丝及胡萝卜丝搅拌一下。

3 油倒入锅中烧热，再倒入蔬菜面糊煎至熟，加入少许盐即可。

青菜丸子...

【烹饪时间】
30分钟

原料

肉馅儿50克，青菜25克，番茄酱10克，葱末、姜末、盐、水淀粉各适量。

做法

1 将肉馅儿放入碗中，加入葱末、姜末、盐、水淀粉，拌匀后加入番茄酱，再用力搅，青菜切丁。

2 肉馅儿加入调料后，要一个方向搅打至发黏。

3 将锅中加适量水，烧开后，将馅儿挤成1厘米大小的丸子放入锅内；再加青菜丁、盐煮几分钟即可。

丝瓜冬菇汤...

原料

丝瓜100克，冬菇80克，葱、姜、盐各适量，植物油少许。

做法

1 将丝瓜洗净，去皮，切开，去瓤，再切成小段。

2 冬菇用凉水泡发，洗净。

3 油热锅，将冬菇略炒几下，加入清水煮5分钟左右，再放入丝瓜煮，加葱、姜、盐调味即可。

糖拌梨丝...

【烹饪时间】
30分钟

原料

梨30克，白糖5克，醋8克。

做法

1 将梨去掉皮、核，洗干净，切成丝，放入凉开水中泡一会儿，捞出后控净水。

2 将梨丝装入盘内，放入白糖、醋拌匀即可。

参芪鸡片汤...

【烹饪时间】
10分钟

原料

党参、黄芪各2.5克，鸡胸脯肉30克，清水400毫升。

做法

1 黄芪与党参洗净，加清水熬剩1碗。

2 鸡胸脯肉去筋，以刀背拍软后，切成小块。

3 汤汁煮开后，加入鸡胸脯肉，待肉熟即可。

桂圆红枣鸡汤...

【烹饪时间】
35分钟

原料

桂圆25克，红枣8～10颗，鸡肉块或鸡块少许，清水500毫升。

做法

1 红枣洗净，以清水泡开待用。

2 鸡块汆烫后捞起，将油腻略洗一下。

3 把红枣、桂圆及鸡块放入炖锅内，加水，先以大火煮开后，转小火将肉炖烂即可。

促进大脑发育的健康餐

开发大脑的饮食习惯

大脑在出生后一年内发育得最快。辅食时期是决定宝宝大脑发育非常重要的阶段。但是，并不是只有特定的辅食才会有助于大脑的发育。

这一时期，最重要的是均衡的饮食，如何食用也是非常重要的，并且食用辅食本身就具有刺激大脑、促进脑细胞活动的作用。

让宝宝品尝多种味道

对于那些一直食用母乳或配方奶的宝宝来说，每一种辅食都是一种新鲜的体验。稍微有些不同的味道、香气和质感都会通过宝宝的记忆力影响感觉器官的发育。

将苹果的味道和颜色联系起来，虽然同样柔软，但通过甜味的差异可以使宝宝记住马铃薯和地瓜。看、触、嗅、尝的过程中宝宝的认知能力和记忆力也都在快速发展，因此使用的材料种类越多，相应的大脑的刺激要素也就越多。

让宝宝可以随时抓到食物

辅食一定要盛在小匙里食用，用小匙吃辅食时，宝宝可以在用舌头聚集、碾碎、吞咽食物。像这样，舌头运动得越多，大脑发育也会越快，而且宝宝在出生8个月后就可以自己拿小匙了，所以要让宝宝经常使用小匙。虽然不熟练，但是通过向食物伸手，往小匙里盛放食物，放到嘴里这样的过程就能够使大脑的发育非常活跃。

让宝宝可以充分咀嚼

不建议食用鲜食制品或市面上销售的成品辅食原因之一就在于咀嚼问题。毕竟宝宝牙齿还没有完全长齐，虽然只能用舌头或腭部抵碎，用门牙来咀嚼，但这样的咀嚼练习对大脑的发育有非常重要的刺激作用。

 一定要给宝宝吃早餐……

早餐是为一天的活动提供必需营养素的重要能量来源。比起其他因素，只要吃了早餐，一整天都会精力充沛。毕竟是培养良好饮食习惯的时期，所以，即使简单，也一定要给宝宝吃早餐。

提高宝宝大脑发育的食物

【食物名称】	【功效】
燕麦	就是指粗麦。它不但有助于消化，而且由于富含铁元素，还可以激活神经传递，促进大脑活动
大豆	植物蛋清中属它第一。特别是富含其他谷类中没有的必需氨基酸和赖氨酸，所以可以说是成长期婴幼儿的必需食物
冬菇	晒干后的冬菇要比生的冬菇味道更好，维生素D的含量也更多。维生素D可以提高钙的吸收率，钙元素有利于安定大脑的功效
鸡蛋	虽然是富含必需氨基酸、卵磷脂和多种维生素的高营养食物，但是由于胆固醇较高常常会使人对其产生顾虑，但是蛋清利于吸收，所富含的卵磷脂可以溶解血液中的胆固醇，预防血管疾病
芝麻	芝麻中富含的卵磷脂可以激活大脑神经的活动，从而提高记忆力。而且富含脑神经细胞的主成分氨基酸和安定脑神经的维生素B_1、维生素E和钙元素都是促进脑发育和活动的非常好的食物
核桃	核桃中富含不饱和脂肪酸和必需脂肪酸，维生素、蛋白质、钙、铁元素都是健脑的典型食物。而且核桃中的脂肪对于宝宝的生长以及大脑发育是非常好的
金枪鱼	金枪鱼中的不饱和脂肪酸DHA，对于生长期的宝宝的大脑发育是非常有好处的
黑木耳	黑木耳可以使记忆力和思考力得到显著提升。喜欢吃肉、汉堡等食物的宝宝应该多吃黑木耳

促进大脑发育的饮食推荐

银锭包金...

【烹饪时间】
15分钟

原料

香蕉1根，鸡蛋1个，盐、植物油各少许。

做法

1 将鸡蛋打散，放盐少许；香蕉切小块，备用。
2 锅置火上，锅内放植物油烧至温热，香蕉块裹上鸡蛋液放入油锅略炸即可。

龙眼枸杞小米粥...

【烹饪时间】
30分钟

原料

龙眼肉、枸杞各15克，小米、大米各50克，清水适量。

做法

1 将龙眼肉、枸杞、小米、大米分别洗净，一同放入锅里，加清水用大火煮沸。
2 粥沸腾后改小火煨煮，至粥烂汤稠即可。

芦笋烧蘑菇...

【烹饪时间】
15分钟

原料

芦笋200克，水发冬菇帽250克，肉汤250毫升，酱油、植物油、淀粉、糖、葱适量。

做法

1 将芦笋、冬菇洗净切丝。

2 锅置火上，倒入植物油，油开后倒入笋丝、冬菇丝煸炒几下，加入酱油、糖、肉汤旺火烧开。

3 再小火焖5分钟左右，倒入青葱拌匀，水淀粉勾芡即可。

西芹炒百合...

【烹饪时间】
10分钟

原料

西芹100克，鲜百合45克，胡萝卜1根，植物油、盐各少许。

做法

1 将百合洗净剥下，去除外衣。

2 将西芹洗净，切成薄片；胡萝卜洗净，切成薄片。

3 锅至火上，倒入植物油，烧至七八成熟时，放入胡萝卜、西芹、百合，炒至3分钟后，加入少许盐调味即可。

藕粉鸽蛋羹...

【烹饪时间】
20分钟

原料

鸽蛋4个，藕粉150克，白糖少许，清水300毫升。

做法

1 将鸽蛋打散。

2 锅置火上，用小火将鸽蛋蒸熟。

3 锅里放300毫升清水烧开，放入白糖。待糖溶化后倒入藕粉，边倒边搅拌均匀，分装碗内，放入鸽蛋即可。

蒸肉豆腐...

【烹饪时间】20分钟

原料

豆腐1/2块，鸡胸脯肉20克，葱10克，鸡蛋1个，香油、酱油各少许，淀粉5克。

做法

1 将豆腐洗净，放入锅中略焯一下，沥干水分，用匙背压碎成泥。

2 滴入一滴香油涂在盘中，将豆腐泥摊入盘中。

3 将鸡胸脯肉洗净，切碎成泥，放入碗中，加入切碎的葱末、鸡蛋、酱油及淀粉，调至均匀，再摊在豆腐上，用火蒸10分钟左右即可。

五彩金针菇...

【烹饪时间】15分钟

原料

金针菇50克，胡萝卜1/3根，青椒1/2个，黑木耳3朵，植物油、盐、白糖、香油各少许。

做法

1 将黑木耳泡发，胡萝卜、青椒切成丝，金针菇剪去根部；黑木耳、胡萝卜、青椒用沸水泡一下沥干，黑木耳切丝。

2 锅置火上，放入清水烧沸，加少许盐和适量植物油，将金针菇放入，沸腾后马上捞起沥干水分。

3 把黑木耳丝、胡萝卜丝、青椒丝、金针菇放在一起，加入盐、白糖搅拌均匀，滴几点香油即可。

八宝蛋...

【烹饪时间】
20分钟

原料

鸡蛋1个，猪肉10克，豌豆10克，胡萝卜1/5根，冬菇1/2根，虾仁10克，盐、白糖、水淀粉、高汤各少许，清水适量。

做法

1 将鸡蛋打散，加入30℃左右的温水，将蛋羹隔水蒸熟。
2 将猪肉、胡萝卜、冬菇、虾仁全部切成小丁，豌豆切末。
3 汤锅置火上，加适量清水烧开，先放胡萝卜丁、冬菇丁，再放猪肉丁、虾丁、豌豆末，把这些材料都焯一下。

4 另起锅置火上，加入少许高汤，再加入焯烫过的胡萝卜丁、冬菇丁、猪肉丁、虾丁、豌豆末，加盐倒入蛋羹即可。

松子豆腐...

【烹饪时间】
20分钟

原料

豆腐1/2块，松子仁50克，香菜末50克，盐、白糖、葱花、姜、植物油、鸡汤各适量。

做法

1 将豆腐切成丁，在开水锅内烫一下捞出；松子仁剁碎。
2 锅置火上，放植物油烧热，用葱花、姜末煸出香味后放鸡汤和松子仁，再加入盐、白糖、豆腐烧开，再用小火烧至入味，撒上香菜末即可。

美味鲤鱼...

【烹饪时间】
40分钟

原料

鲤鱼1条，黄豆芽50克，冬菇两朵，葱段、姜片、酱油、盐、水淀粉各少许，清水、植物油各适量。

做法

1 将鲤鱼去鳞、鳃、内脏洗净，两面剃上十字花刀。锅内加入植物油烧至七成热，放入鲤鱼炸至略硬捞出。

2 炒锅内留油，下葱段、姜片炝香，加入清水烧开，放入炸好的鲤鱼略烧。

3 加入冬菇、黄豆芽，用酱油、盐烧至熟透入味，用水淀粉勾芡即可。

菠萝炒牛肉...

【烹饪时间】
35分钟

原料

牛肉100克，菠萝1/4个，盐、白糖、淀粉、生姜粉、生抽、蚝油各少许，植物油1小匙。

做法

1 将牛肉切成小片，加少许生抽、盐、白糖、生姜粉、淀粉抓匀，腌制15分钟，再加入植物油拌匀。

2 将菠萝去皮，去掉硬心，切成小块，用淡盐水浸泡几分钟后，取出沥干水分。

3 锅置火上，放1匙植物油，将腌好的牛肉倒入，快速划散，加入蚝油，炒至六成熟时，再加入菠萝块，快炒几下即可。

核桃鸡花...

原料

鸡胸脯肉100克，核桃仁30克，蛋清、鸡汤、葱、姜、白糖、盐、淀粉、酱油、植物油各适量。

做法

1 将鸡胸脯肉切成1厘米见方的小块；核桃仁用热水浸泡剥去外皮；将鸡汤、葱、姜、白糖、盐、酱油调成料汁。

2 锅置火上，放植物油烧至四成热，将鸡胸脯肉用蛋清、淀粉上浆，放入油锅滑炒一下，捞出沥干油。锅底留余油，倒入滑炒的鸡肉、核桃仁，再倒入调好的料汁炒匀即可。

花生骨汤饭...

【烹饪时间】
80分钟

原料

大米30克，花生排骨汤200毫升，清水适量。

做法

1 大米洗净，加入浸过米的清水浸泡1小时。

2 把花生排骨汤放入小煲锅内煲滚，将大米和没过米的清水下到锅内，再煲滚，小火煲成软饭即可。

促进长个的营养餐

有利于长个的营养成分

想要宝宝长个，就得选择高蛋白的食物，比如瘦肉、鸡蛋、牛奶、鱼类、大豆等。构成骨骼架构的最基本的元素是钙、镁、磷等矿物质，因此补充牛奶、鱼类等富含充足矿物质的食物就显得尤为重要。

如果不是宝宝本身的体重已经超过了标准的25%，达到了肥胖的标准，那么便不需要限制宝宝进食脂肪类的食物。当然也不应该不加节制地进食那些高脂肪、高热量的奶油、牛油等。

世界上并没有一种能完美地帮助长个的食物，但我们的生活当中的确存在着不少能够帮助身体发育的食物，比如瘦肉、鱼类、蛋类、牛奶、豆制品、动物内脏以及新鲜蔬菜、水果等。它们都含有丰富的蛋白质、矿物质、维生素等，有利于宝宝身高的增长。

 宝宝长个的饮食禁忌

1.宝宝平时要少喝果汁、可乐等糖分较多的饮品，因为过多糖分会阻碍钙质的吸收，从而影响骨骼的发育。

2.盐也是长个的禁忌，平时就要养成少吃盐的习惯。

3.注意加工食品的方式，摄入较多高磷类食品会导致宝宝体内钙、镁等矿物质的流失，影响到身体钙的吸收以及骨骼的发育。

促使宝宝长个的食物

【食物名称】	【功效】
牛奶	牛奶中含丰富的钙，而且很容易被成长期的宝宝吸收。虽然喝牛奶未必一定长个，但是缺乏钙则是一定长不高的。所以多喝牛奶是很有益处的。每天喝3杯牛奶就能够摄取到成长期所需要的钙
鸡蛋	鸡蛋是最容易购买到的高蛋白食物。不少宝宝都愿意吃鸡蛋，特别是蛋清富含蛋白质，有助于宝宝的生长。有些家长担心蛋黄里的胆固醇会对宝宝不利，但每天吃1～2个鸡蛋对于成长期的宝宝来说是完全不用顾虑胆固醇的问题
黑大豆	公认的高蛋白食品首推大豆，尤其是黑豆中含量更高，是有助于成长的尚佳食品。加到米饭里或者直接磨成豆浆食用均可
菠菜	富含钙和铁。不少宝宝并不喜欢吃菠菜，所以不要凉拌给宝宝吃，最好切成丝炒饭或者加在紫菜包饭里
橘子	富含维生素C，能帮助钙的吸收。但橘子一般是秋冬应季的水果，所以在其他季节可以选择草莓、菠萝、葡萄、猕猴桃等应季水果。这样可以持续地补充维生素
胡萝卜	富含维生素A，能帮助合成蛋白质。可以把胡萝卜做成各种菜肴，也可以榨汁喝，榨汁时可加入苹果以中和胡萝卜的味道。另外可以把胡萝卜切成丝然后炒鸡肉、牛肉等，既能调味，营养也会更加丰富
沙丁鱼	沙丁鱼里所含的钙远比其他海藻类食物中含的钙要容易被人体消化吸收，所以适合喂食宝宝

促进宝宝长高的饮食推荐

笋尖猪肝粥...

【烹饪时间】
20分钟

原料

大米稠粥1碗，鲜笋尖、猪肝各100克，葱、姜末、盐、水淀粉各少许，高汤200毫升。

做法

1 将笋尖洗净，切片，猪肝切片，放入碗中加葱、姜末、盐、水淀粉腌制5分钟。

2 笋尖和猪肝沥干水分。

3 锅置火上，锅里放稠粥煮沸，放入笋尖、猪肝，再加入高汤和盐，搅拌均匀即可。

奶油白菜汤...

【烹饪时间】
50分钟

原料

白菜100克，奶油10克，盐1/2小匙，清汤适量。

做法

1 将白菜洗净沥干水，切成条状，放入热油中略炸后，沥净油。

2 将炸好的白菜放入碗中，上锅蒸熟。

3 另起锅，倒入适量清汤，加热煮沸，倒入放有白菜的汤碗中，再加入盐调味即可。

小番茄炒鸡丁...

【烹饪时间】
30分钟

原料

鸡肉100克，小番茄40克，黄瓜50克，白糖1小匙，蒜1瓣，盐1/2小匙，植物油两大匙，玉米淀粉10克，咖喱粉适量。

做法

1 将小番茄及小黄瓜洗干净沥干，小黄瓜切成块备用。

2 鸡肉洗干净，切丁。

3 鸡丁内加适量盐、植物油、水淀粉、糖搅拌均匀，将鸡丁腌10分钟备用。

4 锅内倒入植物油，烧至八成热，将鸡肉丁略炒半熟，放入蒜爆香。

5 将咖喱粉放入炒匀，放入小番茄、小黄瓜片、砂糖、盐等一起翻炒，炒至肉熟后即可。

羊排粉丝汤...

【烹饪时间】
150分钟

原料

羊排骨200克，干粉丝50克，葱、姜、蒜蓉、醋、香菜、植物油各适量。

做法

1 将羊排洗涤整理干净，切块；葱切末，姜切丝；香菜择洗干净，切小段。

2 锅置火上，放入植物油烧热，放入蒜蓉爆香，倒入羊排煸炒至干，加醋少许。

3 随后加入适量清水及姜丝、葱末，用大火煮沸后，撇去浮沫。

4 改小火焖煮两小时，加入用开水浸泡后的粉丝，撒上香菜，再次煮沸即可。

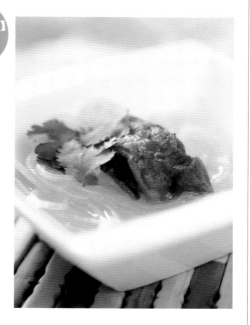

海带绿豆汤...

【烹饪时间】
20分钟

原料

绿豆30克，海带30克，薏米30克，冰糖适量。

做法

1 将海带切成细丝，与绿豆、薏米一同放锅中煮熟。至海带烂熟、绿豆开花。

2 食用前用冰糖调味即可。

香干烧芹菜...

【烹饪时间】
15分钟

原料

芹菜100克，香干50克，酱油、葱、姜、盐、植物油各少许。

做法

1 葱、姜切成末。将芹菜切成长两厘米的小段，放入沸水锅内焯一下，再放在冷开水中浸凉再沥干；香干洗净，切成小段。

2 锅置火上，放入植物油烧至七八成热时放入葱末、姜末炝锅，放入香干块，再放芹菜段，煸炒片刻，炒至芹菜转为翠绿，加入酱油、盐炒匀即可。

青椒炒猪肝...

【烹饪时间】
20分钟

原料

猪肝100克，青椒1个，葱末、盐、酱油、白糖、水淀粉、植物油各少许，清水适量。

做法

1 将猪肝洗净切小片，加盐、水淀粉、适量清水拌匀上浆。青椒切片。

2 锅置火上，放植物油烧热，加入猪肝翻炒，变色时捞出。

3 余油用葱末爆香。青椒下锅翻炒至熟，放酱油、白糖、适量清水烧开，加少量水淀粉勾芡，倒入猪肝炒匀即可。

竹笋炒鸡片...

【烹饪时间】
20分钟

原料

鸡肉100克，冬笋50克，蛋清1个，白糖、姜、葱、盐各少许，水淀粉、植物油各适量。

做法

1 将鸡肉洗净切成薄片，加盐、蛋清、少许水拌匀上浆。姜切丝、葱切段。冬笋洗净，切成薄片。

2 锅置火上，倒进植物油，烧至四成热，下鸡片划散即倒入漏勺，沥干油。

3 锅里留少许余油，并置于大火上，用姜丝、葱段和笋片炒香，洒些热水，加白糖、盐，放入鸡片翻匀即可。

各营养素含量排行榜

能量

摄入能量不足会引起营养不良，摄入过多又会使人肥胖。

婴幼儿期宝宝成长飞快，所需的能量也高于其他成长阶段的儿童，所以对于能量摄取格外重要。人体所需能量主要由食物中的产热营养素提供。主要是蛋白质、脂肪以及碳水化合物。若摄入的热能物质过多就会转化为脂肪储存起来，这样慢慢就会变胖。宝宝刚出生时日均需要热量为418～501千焦/千克体重，以后逐渐减少。

蛋白质

蛋白质是生命的物质基础，宝宝需要蛋白质的比例相对成人较多。

蛋白质可分为两种，其中包括动物性蛋白质和植物性蛋白质。动物性蛋白质来源于鱼、畜禽肉、蛋、乳类等。植物性蛋白质主要来源于豆类、坚果类、薯类、蔬菜类等。鱼肉可提供大量的优质蛋白质，并且消化吸收率极高。母乳中的蛋白质是优质蛋白，适宜宝宝消化吸收。当宝宝缺乏蛋白质时会影响宝宝的正常生长发育。

含能量多的常见食物（每100克可食部分含量）

【名称】	【含量】	【名称】	【含量】
1 核桃	2702千焦	10 鳕鱼	368千焦
2 猪肉	1652千焦	11 马铃薯	322千焦
3 大米	1564千焦	12 牛奶	225千焦
4 黑木耳	1108千焦	13 苹果	225千焦
5 面条	1196千焦	14 葡萄	184千焦
6 鸡翅	811千焦	15 蘑菇	100千焦
7 虾皮	640千焦	16 白菜	75千焦
8 鸡蛋	602千焦	17 豆浆	66千焦
9 牛肉	523千焦	18 冬瓜	50千焦

含蛋白质多的常见食物（每100克可食部分含量）

【名称】	【含量】	【名称】	【含量】
1 虾仁	43.7克	10 猪肉	20.3克
2 口蘑	38.7克	11 鸡肉	19.3克
3 黄豆	36.3克	12 章鱼	18.9克
4 黑豆	36.0克	13 带鱼	17.7克
5 青豆	34.5克	14 狗肉	16.8克
6 奶酪	25.7克	15 鸡肝	16.6克
7 杏仁	25.7克	16 燕麦	15.6克
8 牛肉	22.0克	17 鸭肉	15.5克
9 羊肉	20.5克	18 鸡蛋	14.7克

脂肪

脂肪的主要功能是供给热量，缺少脂肪会出现生长迟缓等现象。

脂肪的食物来源分为可见的脂肪和不可见的脂肪。可见的脂肪是指那些已经从动植物中分离出来的，能鉴别和计量的脂肪，如人造黄油、色拉油、植物油等。不可见的脂肪是指没有从动植物中分离出来的脂肪，如肉类、鸡蛋、牛奶、坚果和谷类中的脂肪。当宝宝脂肪摄入量不足时容易被病菌浸染，会影响宝宝的大脑和神经的发育。

碳水化合物

宝宝热量供给的一半来自碳水化合物。

谷类、薯类、豆类等富含淀粉，是碳水化合物的主要来源。食糖，如白糖、红糖、砂糖几乎100%是碳水化合物。葡萄糖、果糖、蔗糖、乳糖等均为发育所必需的，乳糖可以酸性发酵，帮助钙、磷的吸收，又能完成脂肪的氧化，减少蛋白质的消耗，也是脑细胞代谢的基础，如神经细胞时刻需用葡萄糖，它还有去毒的作用。

含脂肪多的常见食物（每100克可食部分含量）			
【名称】	【含量】	【名称】	【含量】
1 奶油	78.6克	10 面包	14.3克
2 杏仁	44.8克	11 牛肉	13.4克
3 芝麻	39.6克	12 饼干	12.9克
4 鸡肉	35.4克	13 鸡蛋	8.8克
5 猪肉	35.3克	14 蛋糕	5.1克
6 核桃	29.9克	15 豆腐	3.4克
7 蛋黄	28.2克	16 酸奶	2.7克
8 羊肉	24.5克	17 蜂蜜	1.9克
9 黄豆	16.0克	18 黑木耳	1.5克

含碳水化合物多的常见食物（每100克可食部分含量）			
【名称】	【含量】	【名称】	【含量】
1 藕粉	92.9克	10 地瓜	24.7克
2 粉丝	82.6克	11 玉米	19.9克
3 枣	78.9克	12 核桃	19.1克
4 大米	77.7克	13 马铃薯	17.2克
5 蛋糕	66.7克	14 苹果	13.5克
6 面条	61.9克	15 荔枝	11.6克
7 面包	56.2克	16 萝卜	5.0克
8 黄豆	34.2克	17 蘑菇	4.1克
9 竹笋	30.3克	18 黄瓜	2.9克

维生素A

对视力、生长、上皮组织及骨骼的发育和生长发育都是必需的。

维生素A的主要食物来源：胡萝卜、番茄、鸡蛋、牛肝、猪肝、鱼肝油、牛奶、奶酪、黄油、菠菜、莴苣、大豆、青豌豆、橙子、杏等。当宝宝缺乏维生素A时，就会出现适应能力下降、夜盲及眼干燥症等。严重时会出现生长发育受阻，首先影响骨骼的发育，其次影响牙釉质细胞发育，使牙齿停止生长。

维生素B₁

维生素B₁可以促进宝宝的成长，帮助消化。

含维生素B₁的食物有很多，尤其是酵母、米糠、全麦、燕麦、花生、猪肉、大多数的蔬菜、麦麸、牛奶等含量较丰富。维生素B₁能促进肠胃蠕动，增加食欲。一次摄取全部B族维生素，要比分别摄取效果更好。宝宝缺乏维生素B₁时容易出现脚气病，多发生于2～5月龄的宝宝，且多是维生素B₁缺乏的乳母所喂养的宝宝。

含维生素A多的常见食物（每100克可食部分含量）			
【名称】	【含量】	【名称】	【含量】
1 牛肝	20.0毫克	10 香菜	193微克
2 鸡肝	10.0毫克	11 忙果	150微克
3 鸭蛋黄	2.0毫克	12 柑橘	148微克
4 西蓝花	1.2毫克	13 木瓜	145微克
5 胡萝卜	668微克	14 青豆	132微克
6 菠菜	487微克	15 油菜	103微克
7 河蟹	389微克	16 杏干	102微克
8 鸡蛋	234微克	17 青椒	57微克
9 紫菜	228微克	18 海带	52微克

含维生素B₁多的常见食物（每100克可食部分含量）			
【】	【含量】	【名称】	【含量】
1 瓜子仁	1.89毫克	10 鸡肝	0.33毫克
2 芝麻	0.66毫克	11 面条	0.28毫克
3 榛子	0.62毫克	12 玉米	0.27毫克
4 猪肉	0.54毫克	13 扁豆	0.26毫克
5 豌豆	0.49毫克	14 菠菜	0.2毫克
6 鸡心	0.46毫克	15 冬菇	0.19毫克
7 黄豆	0.41毫克	16 鸭蛋	0.17毫克
8 小米	0.33毫克	17 核桃	0.16毫克
9 蛋黄	0.33毫克	18 毛豆	0.15毫克

维生素B₂

可提高肌体对蛋白质的利用率，促进生长发育。

含维生素B₂丰富的食物有很多，如乳类及乳制品、肉类、动物肝脏、蛋黄、鳝鱼、胡萝卜、酿造酵母、冬菇、紫菜、茄子、鱼、芹菜、橘子、柑、橙子等。维生素B₂能促进发育和细胞的再生；促使皮肤、指甲、毛发的正常生长；帮助消除口腔内、唇、舌的炎症；增进视力的正常发育；参与细胞的生长代谢。

维生素C

有利于组织、伤口的愈合，改善铁、钙和叶酸的消化和利用。

新鲜的水果和蔬菜中都含有丰富的维生素C。主要来源樱桃、柑橘类水果、橘汁、青椒、红干椒、石榴、芥菜、芹菜、卷心菜、草莓、番茄、甜瓜等。维生素C有一定的解毒功能，还具有改善脂肪和类脂，特别是胆固醇的代谢，预防心血管病；促进牙齿和骨骼的生长；增强肌体对外界环境的抗应激能力和免疫力。

含维生素B₂多的常见食物（每100克可食部分含量）

	【名称】	【含量】		【名称】	【含量】
1	猪肝	2.08毫克	10	干豆腐	0.60毫克
2	黄鳝	2.08毫克	11	枣	0.50毫克
3	松蘑	1.48毫克	12	梨	0.46毫克
4	冬菇	1.26毫克	13	黑木耳	0.44毫克
5	杏仁	1.25毫克	14	黑豆	0.33毫克
6	桂圆	1.03毫克	15	竹笋	0.32毫克
7	紫菜	1.02毫克	16	芝麻	0.26毫克
8	蛋黄	0.62毫克	17	松子仁	0.26毫克
9	干桑葚	0.61毫克	18	猪肉	0.24毫克

含维生素C多的常见食物（每100克可食部分含量）

	【名称】	【含量】		【名称】	【含量】
1	马铃薯	27毫克	10	苦瓜	56毫克
2	白菜	31毫克	11	蒜苗	35毫克
3	菜花	61毫克	12	油菜	36毫克
4	枣	243毫克	13	西蓝花	51毫克
5	栗子	24毫克	14	芦笋	45毫克
6	猪肝	20毫克	15	菠菜	32毫克
7	豆角	39毫克	16	芥菜	72毫克
8	番茄	19毫克	17	香菜	48毫克
9	葡萄	25毫克	18	橙子	48毫克

硒

硒和维生素E在一起能够保护细胞膜，防止不饱和脂肪酸的氧化。

硒的来源有芝麻、动物内脏、蘑菇、海米、金针菇、海参、鱿鱼、鱼粉、海蟹、干贝、带鱼、松花鱼、黄鱼、羊油、豆油、猪肉、羊肉、冬菇、胡萝卜、大米等。缺乏硒易患心血管疾病，癌症的患病率和死亡率也会增高。硒元素补充过量会导致体内维生素B_{12}、叶酸和铁代谢紊乱，对宝宝的智力发育有不良影响。

钙

对人体骨骼的发育、细胞的生长和增生、脑的发育均有重要作用。

海产品含钙较多，如鱼、虾皮、虾米、海带、紫菜等均含有丰富的钙质，极易被人体吸收；豆制品为上好的补钙食品，如豆浆、豆粉、豆腐、腐竹等；乳制品现在普遍被人们接受，如鲜奶、酸奶、奶酪等含钙丰富。以上食物可给人体提供钙质，在日常生活中应多食用；鸡蛋在生活中不可缺少，其含钙量也非常高。

含硒多的常见食物（每100克可食部分含量）			
【名称】	【含量】	【名称】	【含量】
1 猪肾	157微克	10 泥鳅	35.2微克
2 鱿鱼	156微克	11 腰果	34微克
3 海参	150微克	12 羊肉	32.2微克
4 松蘑	98微克	13 杏仁	27微克
5 虾米	75.4微克	14 鸡蛋	14.4微克
6 沙丁鱼	49.0微克	15 桂圆	12.4微克
7 猪肝	42.7微克	16 猪肉	12微克
8 干蘑菇	39微克	17 桑葚	6.5微克
9 鸡肝	38.6微克	18 苹果梨	3.26微克

含钙多的常见食物（每100克可食部分含量）			
【名称】	【含量】	【名称】	【含量】
1 芝麻酱	1.17克	10 豆腐干	308毫克
2 田螺	1.0克	11 黄花菜	301毫克
3 虾皮	991毫克	12 花生	284毫克
4 奶酪	799毫克	13 黑豆	224毫克
5 油菜	596毫克	14 黄豆	191毫克
6 海米	555毫克	15 扁豆	137毫克
7 胡萝卜	458毫克	16 腐竹	77毫克
8 菠菜	411毫克	17 酒枣	75毫克
9 海带	327毫克	18 白菜	50毫克

锌

锌缺乏可导致味觉迟钝、食欲减退；锌还能促进性器官正常发育。

宝宝每天每千克体重需要锌0.3～0.6毫克。每100克猪、牛、羊肉中含锌20～60微克，牛奶及乳制品中含锌则较少，每100克中含锌3～5微克。在肉类、动物肝脏、蛋类和海产品中都富含锌；其次，如牛奶、麦片、玉米等也含锌。经常食用这类食物，就不会出现缺锌的现象。锌与维生素A、钙、磷一起作用时功效最佳。

铁

铁元素是造血原料之一，缺铁的宝宝表现为疲乏无力。

由于母乳、配方奶中含铁量都比较低，4个月后宝宝就要开始补铁。宝宝应该多吃富含铁的食物：动物肝、蛋黄、瘦肉、虾、海带、紫菜、黑木耳、芝麻、黄豆和绿叶蔬菜等。另外，动、植物食品混合吃，铁的吸收率可增加1倍，因为富含维生素C的食品能促进铁的吸收。婴幼儿时期每天铁的供给量为10～12毫克。

含锌多的常见食物（每100克可食部分含量）

【名称】	【含量】	【名称】	【含量】
1 山核桃	12.6毫克	10 羊肉	6.1毫克
2 羊肚菌	12.1毫克	11 黄花菜	3.99毫克
3 扇贝	11.7毫克	12 虾仁	3.8毫克
4 猪肝	11.3毫克	13 蛋黄	3.8毫克
5 鱿鱼干	11.2毫克	14 腐竹	3.7毫克
6 牡蛎	9.0毫克	15 黄豆	3.3毫克
7 冬菇	8.6毫克	16 鸡肝	2.4毫克
8 牛肉	7.1毫克	17 枣	1.5毫克
9 黑芝麻	6.1毫克	18 馒头	1.0毫克

含铁多的常见食物（每100克可食部分含量）

【名称】	【含量】	【名称】	【含量】
1 发菜	99.3毫克	10 油菜	19.3毫克
2 黑木耳	97.4毫克	11 扁豆	19.2毫克
3 松蘑	86毫克	12 扁豆	19.2毫克
4 紫菜	54.9毫克	13 腐竹	16.5毫克
5 藕粉	41.8毫克	14 鸡肝	12毫克
6 菠菜	25.9毫克	15 冬菇	10.5毫克
7 墨鱼	23.9毫克	16 黄豆	8.2毫克
8 芝麻	22.7毫克	17 黄花菜	8.1毫克
9 猪肝	22.6毫克	18 白菜	0.7毫克